东北黑土区
沟蚀发生风险评价研究

RISK EVALUATION OF GULLY EROSION IN
THE BLACK SOIL REGION OF NORTHEAST CHINA

王文娟　著

经济管理出版社
ECONOMY & MANAGEMENT PUBLISHING HOUSE

图书在版编目（CIP）数据

东北黑土区沟蚀发生风险评价研究 / 王文娟著. —北京：经济管理出版社，2019.2
ISBN 978-7-5096-6350-9

Ⅰ. ①东… Ⅱ. ①王… Ⅲ. ①黑土—沟蚀—风险评价—研究—东北地区
Ⅳ. ①S157.1

中国版本图书馆 CIP 数据核字（2019）第 016656 号

组稿编辑：赵亚荣
责任编辑：赵亚荣
责任印制：黄章平
责任校对：王淑卿

出版发行：经济管理出版社
（北京市海淀区北蜂窝 8 号中雅大厦 A 座 11 层　100038）
网　　址：www.E-mp.com.cn
电　　话：（010）51915602
印　　刷：三河市延风印装有限公司
经　　销：新华书店
开　　本：720mm×1000mm/16
印　　张：16.25
字　　数：233 千字
版　　次：2019 年 4 月第 1 版　　2019 年 4 月第 1 次印刷
书　　号：ISBN 978-7-5096-6350-9
定　　价：69.00 元

前言

中国东北黑土区作为全世界仅有的三大黑土区之一，因其有机质含量高、土壤肥沃、土质疏松、最适宜耕作而闻名于世。这片植被茂盛、水草丰美的草原和森林草原，在中华人民共和国成立以来高强度、大规模的开荒农垦活动中，实现了从“北大荒”到“北大仓”的巨变，成为我国重要的商品粮基地。但是，这种大规模、非理性的过度垦殖，使黑土区的土地退化严重，造成大规模的水土流失，沟壑迅猛扩张，随之而来的是许多地方黑土层逐渐变薄甚至消失，仅剩下有机质含量为零的成土母质，最终寸草不生。这使我国东北黑土地又面临着由“北大仓”向“北大荒”转变的危险，这不仅影响到当地社会经济的可持续发展，也危害到国家的粮食安全，引起了全社会的广泛关注。

沟蚀在土壤侵蚀中占据重要位置，是土壤侵蚀剧烈发展的具体表现形式。据研究，在不同的时空尺度上，侵蚀沟产沙量占整个水蚀产沙量的10%~94%，而在旱地上沟蚀产沙量可占整个水蚀产沙量的50%~80%，尤其是切沟的出现通常标志着土地退化发展到了一种足以引起特别关注的极端形式。在东北黑土区的水土流失问题中，沟蚀是水土流失的重要组成部分，与坡面侵蚀相互作用，恶性循环，是当前农业生产和水土保持工作中亟待研究和解决的问题。因此，针对东北黑土区开展沟蚀相关研究，对国家粮食安全和地区生态、经济和社会的可持续发展具有十分重要的意义。

目前，国内外学者对东北黑土区沟蚀的研究主要集中在以下几方面：沟蚀的发育机制研究；在几平方千米或几十平方千米的小的空间尺度下，利用 GPS、航片等监测手段，在 3~5 年的时间内针对一条或少数几条侵蚀沟进行短期监测，获取侵蚀沟发育的形态参数，进行沟蚀短期时空变化与分布特征研究，建立地貌临界模型，进而结合黑土区降水、作物类型及耕作措施等因素对侵蚀沟发育的影响因素研究；在大尺度上，主要基于遥感和 GIS 技术支持，以高分辨率影像为基础数据源，获取不同时期的侵蚀沟状况，进行沟蚀分布特征、动态、发生概率、分区研究，以及沟蚀与地形、土地利用的关系研究。此外，降水差异、冻融作用、耕作和水保措施、作物类型以及防护林配置对于沟蚀发育的影响等研究也相继开展。近几年来，以数字高程模型（Digital Elevation Model，DEM）作为基础数据源，结合无人机技术、高分辨率影像，利用新算法进行不同尺度上的侵蚀沟的提取也取得了新进展。上述研究的展开，为东北黑土区沟蚀研究提供了可供借鉴的研究思路、方法和手段。

在上述研究的基础上，在东北黑土区这种独特的地理环境下，对于影响沟蚀发育的地理环境因素是什么、各因素之间的相互关系是怎样的、是否可以利用沟蚀的主要控制因素进行沟蚀发生风险评价等一系列问题还未开展系统的研究。本书在遥感和地理信息系统技术的支持下，以东北黑土区中的乌裕尔河、讷谟尔河流域为研究区，从高分辨率卫星 SPOT5 遥感影像提取侵蚀沟信息，分析影响黑土区侵蚀沟发育的地理环境因子，建立研究区侵蚀沟发生风险评价模型，推演整个乌裕尔河、讷谟尔河流域黑土区侵蚀沟发生分布概率以及对沟蚀不同发生风险等级进行评价，试图通过对该区域的研究，为整个东北黑土区的侵蚀沟研究提供相关理论和技术支持。

全书共分为八章。第一章为绪论，就沟蚀研究的选题背景、研究目的与意义、国内外研究现状、研究内容、创新点及技术路线等问题进行综述，给出全书整体框架。第二章为东北黑土区土壤侵蚀环境及侵蚀数据库的建立，主要包括整个东北黑土区概况、黑土区范围和面积的界定、研究区概况和土壤侵蚀数据库构建等内容。第三章为研究区侵蚀沟信息提取及模型构建分区，主要描述了侵蚀沟数据的获取过程、分区所用方法及最终分区结果。第四章针对研究区沟蚀现状及其与景观格局的关系进行了探讨，从合理进行景观配置角度为该区的侵蚀防治提供合理的建议。第五章为沟蚀发生风险评价模型指标因子的构建，从影响侵蚀沟发育形成的气候、地形、土壤、植被、土地利用五大因子出发，力求指标选择的科学、全面、准确。第六章为基于 SA 地貌临界模型的沟蚀发生预测探讨，以地貌临界关系 $S=aA^{-b}$作为理论基础，构建不同分区下地貌临界模型，经过精度验证以及对比分析，探求所构建模型的科学性，对研究区侵蚀沟发生脆弱区进行了预测。第七章为多因素控制下黑土区沟蚀发生风险评价模型构建，针对建立的沟蚀评价指标体系，筛选出影响侵蚀沟形成的主控因子，运用 Logistic 模型构建研究区侵蚀沟发生风险评价模型，经过精度验证以及与 $S=aA^{-b}$模型获得的风险分布图对比分析，最终获取了研究区沟蚀不同发生风险等级的评价图，同时对各县市的侵蚀沟发生风险状况进行了分析。第八章为本书的结论与展望部分，总结了本书的主要研究结论，同时对本书的不足之处和未来研究的发展方向进行了论述。

侵蚀沟是在气候、地形、土壤、植被、土地利用等因子共同作用下发育形成的，其过程复杂多变，本书在写作过程中受时间、资料、研究手段，以及本人研究能力的限制，对于当前东北黑土区的侵蚀沟研究还存在待完善的地方，有待今后进一步地深入研究和改善，书中不足之处，敬请各位同行和读者批评指正！

感谢河南财经政法大学，感谢国家自然科学青年基金项目“东北黑土区切沟沟壁侵蚀特征及发生风险评价研究”（416014583）和“河南省高等学校青年骨干教师培养计划”在本书出版过程中给予的资助和支持。

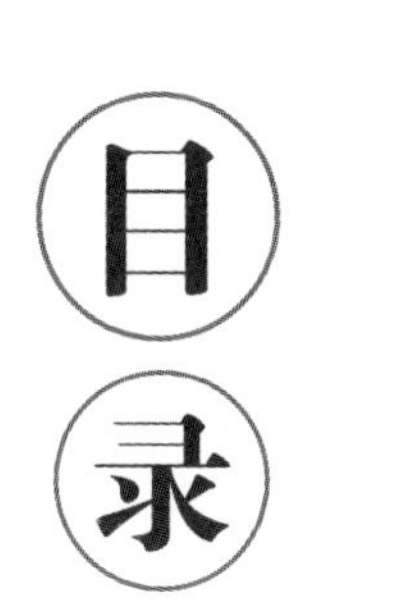

目录

第七章 多因素控制下黑土区沟蚀发生风险评价模型构建

第八章 结论与展望

第一章

绪论

第一节 选题背景、目的和意义

一、选题背景

土壤侵蚀是限制当今人类生存与发展的全球性环境灾害，严重制约着全球社会经济持续发展。土壤侵蚀不仅给当地生态、环境、人类生存和社会经济发展等带来严重影响，也给相邻地区（例如侵蚀流域的下游地区、湖泊和近海地区）带来严重危害（景可等，2005）。爱护我们共同赖以生存的地球，已成为世界性的呼吁和公约（唐克丽，1999）。防治土壤侵蚀、改善生态环境、实现人与自然协调和资源—环境—社会经济可持续发展，已成为全世界普遍关注的重大环境问题和人类生存发展的重要问题（景可等，2005）。

1992 年在巴西里约热内卢召开的联合国环境与发展大会指出，当前区域性和全球性重大环境问题有八项，即臭氧层破坏、全球气候变暖、酸雨范围扩大、淡水污染和短缺、森林资源锐减、野生动植物物种消失、水土流失和沙漠化扩展、有毒化学品和危险物扩展。会议签署了《21 世纪议程》，将土壤侵蚀列入行动计划（唐克丽等，2004）。此后国际上有关全球性重大研究计划和国际组织，如地中海土地荒漠化和土地利用变化研究（Mediterranean Desertification and Land Use，MEDLUS）、全球变化陆地生态系统研究（Global Change and Terrestrial Ecosystems Core Project，GCTE）、土地利用与土地覆被变化（Land Use and Land Cover Change）等都将土壤侵蚀、水土保持及其环境效应列为重要研究内容（Kirkby，1999）。由于土壤侵蚀是世界性的环境问题，影响到全球粮食供应和生态安全等，因此，将土壤侵蚀、土壤保持与全球环境变化相联系已成为各国政府官员和科学家共同关注的热点问题。

我国是世界上土壤侵蚀最严重的国家之一，具有水土流失分布广泛、流失总量巨大、土壤侵蚀强度剧烈等特点。严重的水土流失破坏了宝贵的水土和生物资源，引起气候、自然、生态环境的恶化，进一步阻碍了社会经济的发展（李运学，2002）。土壤侵蚀给中国带来土地资源破坏、粮食减产、灾害发生、土壤肥力下降、水资源环境污染、库塘湖泊淤积、城市安全受到威胁等一系列危害（王占礼，2000）。受水土流失的影响，黄土高原和长江中上游地区生态环境恶化、自然灾害频繁发生、中下游河道淤积、洪水泛滥，重要工业城市和国家基础设施经常受到洪水的威胁，严重制约了中国经济的快速发展，成为我国国土资源的重大生态安全问题（曲格平，2002）。

因此，水土保持得到中央政府的高度重视和社会广泛关注。自 20 世纪 80 年代以来，随着国民经济的高速发展、国家综合经济实力的增强，尤其是在 1992 年的巴西里约热内卢联合国环境与发展大会之后，我国制订了执行计划，环境保护意识增强。90 年代后期，生态环境建设得到中央高度重视。1997 年江泽民批示“再造一个山川秀美的西北”。事隔两年后的 1999 年，朱镕基视察黄土高原，对黄土高原水土保持和生态环境建设批示“退耕还林（草），绿化荒山，个体承包，以粮代赈”的 16 字方针。与水土流失相关的环境事件，如 1998 年长江、嫩江发生大洪水，2000 年春季北方频繁的沙尘暴，都极大地激发各级领导的环境保护意识和水土保持的积极性，对水土流失的生态环境恶化的认识达成共识，充分地认识到水土流失是制约山区经济发展的瓶颈，也是洪涝灾害发生的原因之一，水土保持成为我国长期坚持的一项基本国策（景可等，2005）。

中国东北黑土区作为我国重要的商品粮基地，正面临着水土流失的严峻考验，东北黑土区正在逐渐丧失作为商品粮基地的“黑土”基础。温家宝在 2002 年 8 月 18 日和 8 月 23 日先后两次做出重要批示，要求把黑土区水土流失防治列入重要议事日程。自 2003 年起，实施了“东北黑土区水土流失综合防治试点工程”（刘晓昱，2005），2006年7月3日，为全面推动我国的水土流失治理与生态建设工作，水利部、中国科学院和中国工程院联合开展以水力侵蚀为主的“中国水土流失与生态安全综合科学考察”活动，东北黑土区被列入八个主要考察对象之一。在此背景下，开展东北黑土区的土壤侵蚀研究将具有重要的政治、经济和社会意义。

二、研究目的与意义

对于中国这样拥有13亿人口，其中近8亿为农民的发展中大国而言，寄希望通过国际贸易来实现粮食安全目标是不现实的。在任何时候，增加国内生产都是保障粮食安全的一个基石（高帆，2005）。目前，我国耕地后备资源十分有限，有相当一部分开垦难度比较大，质量堪忧，开垦这些土地势必造成生态环境的进一步恶化。今后增产粮食主要应当依靠现有耕地来提高单产，因此，保护耕地就是保护我国农业综合生产能力，就是保障国家粮食安全。

中国东北黑土区作为世界仅有的三大黑土区之一，因其发育有性状良好、肥力较高的黑土而闻名于世，高产的黑土使其成为我国重要的商品粮基地，其商品粮产量约占全国商品粮总产量的40%，其中大豆占40%、玉米占50%，是我国粮食生产的“稳压器”（王玉玺等，2002；刘鸿雁等，2005；周江红等，2003）。

东北黑土区作为我国重要的商品粮基地经历较短的开发历程（周江红等，2003），黑土农田生态系统用如此短的时间跨越了我国中原地区3000年的演替过程（孟凯等，2001），高强度开垦，加之人类不合理的耕作利用，导致黑土区水土流失严重。资料表明，黑土厚度变薄，已由开垦初期的70~100厘米，下降到不足50厘米（全国土壤普查办公室，1994），不少地区已经出现了“破皮黄”“火烧云”现象（蔡强国等，2003）。黑土区内的侵蚀沟恶性扩张，东北黑土区现有大型侵蚀沟25万多条（沈波等，2003），侵蚀耕地40万公顷，黑土区每年因侵蚀沟吞食耕地而损失的粮食高达14亿千克，折合金额达5亿多元（李和信，2002）。沟蚀如不被及时防治，黑土区就有出现第二个黄土高原的潜在危险（史德明，1995），黄土地的水土流失仅是使土层变薄，而黑土地的水土流失会使黑土层逐渐消失，仅剩下有机质含量为零的成土母质（武龙甫，2003）。

侵蚀沟的发生发展严重威胁着国家粮食安全并制约了黑土区内经济社会的可持续发展，因此弄清我国东北黑土区侵蚀沟发生分布格局，找出侵蚀沟潜在发生集中分布区域，是进行水土流失治理、生态环境建设和保障国家粮食安全的前提条件。本书在遥感（RS）和地理信息系统（GIS）技术的支持下，以东北黑土区中的乌裕尔河、讷谟尔河流域为研究区，从高分辨率卫星遥感影像提取侵蚀沟信息，分析影响黑土区侵蚀沟发育的地理环境因子，采用相关算法建立研究区侵蚀沟发生风险评价模型，然后借助MODIS和TM等遥感影像、东北百年土地利用数据、气候数据及其他相关数据提取覆盖整个乌裕尔河、讷谟尔河流域影响沟蚀的环境因子，推演整个乌裕尔河、讷谟尔河流域黑土区侵蚀沟发生概率分布图以及沟蚀不同发生风险等级评价图，最终试图通过乌裕尔河、讷谟尔河流域黑土区沟蚀发生风险评价研究，为整个东北黑土区的侵蚀沟研究提供相关理论和技术支持，并且为东北黑土区有针对性地进行沟蚀防治提供科学指导。

第二节　国内外研究现状

一、国内外土壤侵蚀研究进展

（一）国外土壤侵蚀研究进展

迄今为止，国外土壤侵蚀的研究已有一百多年的历史，经历了以实地调查为基础的定性描述、以定位观测为主的统计描述、以侵蚀机理为基础的过程模拟以及遥感和地理信息系统等新技术在土壤侵蚀中的应用等几个阶段（史志华，2003）。

土壤侵蚀是自然界中一种常见的、普遍的自然现象，因而地表的侵蚀现象及其后效早被人们认识，但是土壤侵蚀真正作为一门学科开始被研究始于19世纪后期。1877~1895年德国土壤学家Wollny建立了第一个实验小区，并对植被覆盖度、坡度、坡向等因素对土壤侵蚀的影响进行了研究。但是土壤侵蚀受到广泛关注并迅速发展主要在美国。1917年美国的Miller教授首次布设径流小区开展农作物及轮作对侵蚀和径流的影响研究（《中国大百科全书》，1992）。20世纪20年代，被誉为美国土壤保持之父、土壤侵蚀科学的奠基人Bennett，基于Miller的径流和侵蚀定量评价的研究方法，首次在全美不同自然地理区建立了10个代表不同土壤和气候条件的土壤侵蚀试验站网，开展土壤侵蚀的试验研究，为土壤侵蚀科学研究的发展奠定了初步基础（郑粉莉等，2004）。在20世纪30年代，美国遭受了黑风暴的危害，更促进了对土壤侵蚀的研究。此后Bennett领导的美国土壤保持局（后改为自然资源保持局）将原来的10个土壤侵蚀试验站网扩大到44个，遍及26个州，同时有关高等院校也建立了一批水土保持试验站，试验按照统一的要求进行观测，因此积累了大量的土壤侵蚀实测资料（Lal，1991），为后来美国土壤侵蚀研究和重大创新性成果的产生（如著名的土壤流失预报方程USLE）积累了大量的科学资料。1954年，美国农业部在美国中西部印第安纳州West Lafayette City建立了国家径流泥沙数据中心，组织全美力量汇总全国径流泥沙观测资料，并基于当时对土壤侵蚀过程及其机理的认识和对大量的径流泥沙观测数据的统计分析，由国际著名土壤侵蚀学者Wischmeier组织有关政府部门与科研、教学和生产单位联合攻关，建立了著名的通用土壤流失方程（Universal Soil Loss Equation，USLE），并由Wischmeier于1959年以文献的形式提出，由Wischmeier和Smith于1960年在国际土壤学大会上公布，由USDA于1965年以农业手册282号出版第一个官方版（Wischmeier et al.，1965），1978年以农业手册537号出版第二版（Wischmeier et al.，1978）。

20世纪80年代以来土壤侵蚀的研究主要表现在引入现代新技术、新方法，以预测预报模型研究带动侵蚀机理、过程研究，重视土壤侵蚀和水土保持的环境与经济效应（郑粉莉等，2004），主要研究进展包括：①修正完善通用土壤流失方程式 RUSLE2.0（Renard et al.，1997）；②深化水蚀过程研究，强化研究成果的集成，研发水蚀预报的物理模型，如 WEPP（Nearing et al.，1989）、EUROSEM（Morgan et al.，1998）、LISEM（De Roo，1996，1999）；③强化对土壤侵蚀环境效应评价研究，建立评价模型，包括土壤侵蚀与土壤生产力模型，如 EPIC（Froster et al.，2000）、SWAT、非点源污染模型 AGNPS（Young，1989）、ANSWERS（Bouraoui，1996）和 CREAMS（Foster，1980）。由于以上模型是以土壤侵蚀机理和过程为基础，从理论上较之经验模型更为精确。

近年来，伴随着 GIS 和 RS 技术的飞速发展，GIS 和 RS 的突出特点使它们在具有时空特征的土壤侵蚀研究中得到了越来越广泛的应用（蔡崇法等，2000；史志华等，2001）。一些与 GIS 技术相结合的模型，如 LISEM（De Roo，1996，1999）、GeowEEP（Renschler et al.，2002），已广泛应用于实践，而传统的土壤侵蚀预报模型，如 USLE 模型，与 RS 和 GIS 技术相结合也越来越受到重视。GIS 和 RS 技术运用于土壤侵蚀研究为区域尺度以及更大尺度上预测土壤侵蚀提供了技术支持。

（二）国内土壤侵蚀研究进展

中国对土壤侵蚀现象的认识可以追溯到 3000 年前，而将土壤侵蚀作为一门科学技术进行专门研究，则是从 20 世纪 20 年代开始的，我国大规模开展土壤侵蚀研究并取得重要成果则是从 20 世纪 50 年代开始的（郑粉莉等，2004）。取得的主要成果主要表现在以下几个方面：

1. 土壤侵蚀分区

20 世纪 50 年代，黄秉维（1955）采用 3 级分区方案编制的黄河中游土壤侵蚀分区图，对黄土高原水土保持工作起到了重要的指导作用。朱显谟（1956）根据黄河中游不同区域尺度的要求，提出了土壤侵蚀 5 级分区方案，即地带、区带、复区、区和分区。20 世纪 80 年代，辛树帜（1982）将全国土壤侵蚀类型划分为水力、风力和冻融 3 个一级区，并将水蚀区分为六个二级区。1984 年开展了应用遥感技术编制全国和各大流域土壤侵蚀图（1∶250万和1∶50万）。

2. 土壤侵蚀普查

1955年，由各地通过典型调查推断出水土流失（仅水力侵蚀部分）面积。这次调查没有统一的标准和规范，主要采用典型调查结合类推的方法，而且不含新疆、西藏、青海、天津、台湾等省份，是一次不全面的调查（颉耀文等，2002）。此后，伴随着遥感和地理信息系统的发展，我国先后开展了三次全国范围的水土流失调查：1989~1990年，水利部首次采用MSS影像对全国水土流失开展了第一次全面普查；1999~2000年，按照《水土保持法》规定，全国开展以TM影像为基本资料、遥感技术为主要手段的第二次水土流失状况调查；2001年，水利部以Landsat5/TM影像为信息源又组织了第三次全国土壤侵蚀遥感调查（贺奋琴，2004）。这三次土壤侵蚀普查的主要成果是获取了全国水土流失现状并建立了土壤侵蚀数据库。

3. 土壤侵蚀过程与机理

土壤侵蚀是一个受降雨、地形、土壤、植被等自然以及人为因素综合影响的复杂过程，我国对土壤侵蚀与这些侵蚀因子之间的相互关系进行了比较深入的研究，主要研究了降雨强度、降雨历时、降雨动能等一系列指标与土壤侵蚀量的关系，同时提出了全国不同侵蚀区的侵蚀性暴雨标准，建立了适合全国不同侵蚀区的降雨侵蚀力指标（牟金泽，1983；江忠善等，1983；周佩华等，1981，1987；张汉雄，1983；王万忠等，1996a；王万忠等，1996b），同时研究了土壤抗蚀力与侵蚀的关系，朱显谟（1984）首次将土壤抗侵蚀性分为抗蚀性和抗冲性。20世纪80年代以来，关于植被根系对土壤抗冲性的研究取得了重要进展，发现反映土壤抗蚀性的重要指标为风干土的水稳性团粒含量，而土壤腐殖质和物理性黏粒含量是影响土壤风干土水稳性团粒含量的主要指标（王佑民等，1994；高维森等，1992）。

关于地形因子与土壤侵蚀的关系，研究结果表明，存在影响土壤侵蚀的临界坡长及临界坡度（曹银真，1983；陈永宗等，1976；郑粉莉，

1989)，建立了全国不同水蚀区坡面土壤流失量与坡度、坡长的关系（牟金泽等，1983；范瑞瑜，1985；张宪奎等，1992；黄炎和等，1993；周伏建等，1995；江忠善等，2005；江忠善等，1996；林素兰等，1997）。

有关植被对土壤侵蚀的影响集中在植被林冠层对降雨再分配的影响研究、地面覆盖物消减雨滴能量及防冲机理、植被根系增强土壤抗侵蚀性的物理学过程和生物化学过程、有效植被覆盖度等研究（吴钦孝等，1989）。

总的来说，经过长期的试验研究，侵蚀力与侵蚀因子的单因素之间的关系有了比较好的发展，但是它们之间的复杂关系如何仍然是没有解决的问题，对于这方面的研究有待进一步努力。

4. 土壤侵蚀预测与预报模型

我国自20世纪80年代初引进美国通用水土流失方程（USLE），我国学者以USLE为蓝本，利用水蚀区径流小区观测资料，根据各研究区实际情况对USLE方程进行修正，对主要水蚀区的黄土高原（吴礼福，1996；牟金泽等，1983；金争平等，1991；郑粉莉等，2005）、东北漫岗丘陵（张宪奎等，1992；林素兰，1997）、长江三峡库区（杨艳生等，1991）、红壤丘陵（杨武德等，1999）、闽东南（黄炎和等，1993；周伏建等，1995）、广东（陈法扬等，1992）、滇东北（杨子生，1999）等地区的坡面侵蚀预报模型进行了探索，取得了一批研究成果。另外，刘宝元（2002）提出了中国坡面土壤流失方程（Chinese Soil Loss Equation，CSLE）。

20世纪80年代末，随着人们对土壤侵蚀过程、水流运动和水动力学过程、泥沙运动过程等认识的深入，以室内外试验研究为基础，开展了土壤侵蚀预报物理模型的探索，我国目前主要的物理模型有蔡强国模型（1996）、谢树楠模型（1993）、包为民模型（1994）、汤立群模型（1996）。

在区域水土流失趋势预测方面，20世纪80年代末周佩华等率先进行了全国水土流失趋势预测研究（周佩华，1988；胡良军等，2001）。

5. 新技术新方法的应用

20世纪70年代以来开展的人工模拟降雨技术在土壤侵蚀机理、土壤侵蚀定量评价和土壤侵蚀动力过程研究中发挥了重要的作用。20 世纪 80 年代以来，利用^{137}Cs、^{210}Pb、^{7}Be 等放射性核素示踪方法，对侵蚀空间分布和沉积及泥沙来源进行了研究（张信宝，1989；田均良，1992；方华军，2005）。RS、GIS 和全球定位系统（GPS）技术对水土流失调查评价和空间分析等发挥了重要作用，运用 RS 与 GIS 技术提取的植被、土地利用类型、地表物质组成、坡度坡长等水土流失因子，在大尺度上的水土流失研究中发挥着重要作用（贺奋琴，2004），尤其是近年来与 USLE 模型的结合，为预测流域尺度和更大尺度的土壤侵蚀以及找出重点侵蚀区提供了可能。

可以发现，与世界土壤侵蚀科学研究相比，我国在土壤侵蚀宏观区域分异规律、土壤侵蚀研究方法与技术等方面已经达到或接近世界先进水平。但我国在土壤侵蚀物理过程、土壤侵蚀预报物理模型及土壤侵蚀环境效应评价等方面的研究落后于世界先进水平。

（三）小结

通过上述国内外土壤侵蚀研究的主要进展可以发现，当前土壤侵蚀的研究主要集中于面状侵蚀的研究，主要表现在：①建立了大量的径流小区来评估不同的环境、气候、土地利用等条件下的土壤侵蚀速率；②无论是经验模型还是过程模型都是主要计算不同尺度的面状侵蚀量和进行土壤侵蚀风险评估。

然而实际上，可以发现在不同气候和土地利用条件下，各种各样的侵蚀沟，从浅沟、切沟、冲沟直至河沟已经存在于各种景观中，其造成的侵蚀危害巨大，如果仅研究面蚀将不能够全面地进行侵蚀预测，加强侵蚀沟的研究刻不容缓。

二、国内外沟蚀研究进展

过去对水蚀的研究主要集中在小区尺度上的面蚀及细沟侵蚀，对于沟蚀（Gully Erosion）研究非常薄弱，对沟蚀过程的研究尚未引起足够重视。据研究，在不同的时空尺度上，侵蚀沟产沙量占整个水蚀产沙量的 10%～94%（Poesen et al.，2003），而另外的研究表明，在旱地上，沟蚀产沙量占整个水蚀产沙量的50%~80%（Poesen et al.，2002）。由于沟蚀的巨大危害，近年来侵蚀沟研究受到广泛重视，已成为当前土壤侵蚀研究的重点和热点（张新和等，2007）。

其中，2000年4月16~19日在比利时召开由欧洲土壤保持学会资助、世界知名专家参加的全球变化下沟蚀的国际学术讨论会，涉及侵蚀沟监测、侵蚀沟形成的各临界值、侵蚀沟侵蚀速率的控制因素、侵蚀沟侵蚀历史以及侵蚀沟预报模型等诸方面的内容（于章涛，2004）。2002年5月22~25日在中国成都召开了第二届沟蚀与全球变化国际会议，2004年4月28日至5月1日在美国密西西比大学召开了第三届国际学术研讨会，可见国际学术界现在对侵蚀沟问题的重视（Foster，2005）。

（一）沟蚀定义

根据美国土壤科学协会定义（2001），沟蚀是一种径流累积的侵蚀过程，其经常发生在狭窄的沟道中，在较短的时间内移走土壤形成较大的深度。农业土地上的侵蚀沟定义为，由于沟道深度较大，用普通的犁耕方法无法将其平整，深度一般从0.5米到25~30米深。中华人民共和国国家标准《水土保持术语》（国标）GB/T 20465-2006中（2006），将沟蚀定义为：坡面径流冲刷土体，切割陆地地表，在地面形成沟道并逐渐发育的过程。而在景可编写的《中国土壤侵蚀与环境》（2005）一书中认为，沟蚀为线状侵蚀，是指流水被约束在某一局地范围内的水流侵蚀方式，其形态是不同规模的沟谷。根据沟谷规模的大小可以分为浅沟（Ephemeral Gully）、切沟（或悬沟）、冲沟、干沟（或坳沟）。

虽然对于沟蚀的确切定义还没有达成共识，但是可以发现，沟蚀的主要后果是不同规模的侵蚀沟产生同时伴有大量泥沙产生。

（二）侵蚀沟分类

对于沟谷众多、类型复杂的地区，应对沟谷进行分类，因为分类是研究沟谷形成发育的基础，只有分析沟谷发生发展和演化过程中的相互关系，才能揭示这个地区侵蚀沟发育的规律，为防止沟谷的发展提供理论根据。

关于沟谷系统的分类问题，国外通常以不同的方式来命名。如欧美的文献中，按其规模由小到大，依次命名为细沟、切沟、冲沟和河道，1980年以来，浅沟被引入到侵蚀沟的分类中（Foster，1986）。在苏联的文献中，根据由小到大次序，依次命名为细沟、切沟、冲沟和河谷（吴良超，2005）。各国根据自己的情况命名也有差异。现对中国侵蚀沟的分类做以下总结：

罗来兴（1956）在划分晋西、陕北、陇东黄土区域沟间地与河谷的地貌类型的研究中，将属于微型地貌类型的坡面水流“侵蚀沟”分为梳沟和条沟，梳沟又分为细沟和浅沟，条沟分为切沟和悬沟；将属于中型地貌的沟谷分为承袭沟谷和冲沟沟谷，承袭沟谷又分为河沟沟谷和干沟沟谷，冲沟沟谷分为第一期冲沟沟谷（切沟发展的）、第二期冲沟沟谷和第三期冲沟沟谷。

朱显谟（1956）从土壤侵蚀的角度建议将黄土的水蚀分为溶蚀、片蚀和沟蚀（或线状侵蚀）三种类型。对于沟蚀，则根据其发展阶段、演变时期和侵蚀强度等划分为细沟侵蚀、浅沟侵蚀和切沟侵蚀，而所有沟蚀的发展都是由细沟、浅沟到切沟，它们构成一个完整的体系，地面流水必先经过它们，然后注入沟谷系统的各个环节。

甘枝茂（1982）从侵蚀形态的角度将黄土高原地区的沟谷分为细沟、浅沟、切沟、冲沟、干沟和河沟。陈永宗（1984）将黄河中游黄土丘陵区的沟谷分为浅沟、切沟、冲沟、坳沟（或干沟）和河沟五类，他没有把细沟放入沟谷系统的分类里。

罗来兴（1985）等在研究陕北无定河清涧河黄土区域的侵蚀与侵蚀量时，将沟谷分为纹沟、细沟、浅沟、切沟和冲沟等类型，这些都是径流冲刷坡面的结果。纹沟是坡面径流最初的轻微的沟状侵蚀，沟形远望如梳状花纹，近看反而模糊。细沟宽度与深度为数厘米以至数十厘米，沟与沟的间距为数十厘米以至1米，可为犁耕所消减。切沟深度多达1米甚至2米，沟与沟之间往往相隔数十米，沟形非犁耕所能消除。浅沟呈“V”字形，无明显的沟缘，常常表现为狭长的浅洼地。切沟与浅沟属于同一性质不同发育阶段的水道。切沟是处在强烈切割阶段的水道，而浅沟则是接近均衡状态的水道。一个属于早期的水道，另一个属于晚期的水道。

景可（1990）根据沟谷的发育阶段、规模，纵剖面的形态特征和出现的先后序列，将沟谷分为五种类型：①细沟，由坡面上的片流作用形成，在平面上不固定，经耕种等人为作用可消失，一般不将其作为沟谷的初级阶段；②浅沟，宽度<0.5 米，深度为 0.1~0.4 米，长度数米至数十米；③切沟，由浅沟侵蚀扩大加深而成，其深度一般为 0.5~1.5 米，也可达 2.5 米，甚至更深，宽度 2 米左右，长度比所在的斜坡短，其横断面上游呈“V”形，下游呈“U”形，纵剖面呈阶梯状，有多级跌水陡坎；④冲沟，由切沟继续发展而成，规模较大，宽达 10~20 米，甚至更宽，深 5~10 米，在黄土高原深可达数十米，冲沟长从数十米至数百米不等，沟谷纵比降上游陡，下游缓，总剖面呈阶梯状；⑤坳沟，由冲沟继续发育扩展而成，一般都切到基岩，其形态已具备河谷的部分特征，但发育仍不完整。

（三）沟蚀研究的技术方法

目前，沟蚀研究采用的技术方法通常有以下几种：地面测量法、侵蚀针（桩）监测法、航片地形图解译监测法、高精度差分 GPS 法以及一些其他新兴方法。

1. 地面测量法

该方法是用卷尺、微地形剖面仪等工具，沿侵蚀沟长每隔一定距离测量其横截面特征值（如上底宽、下底宽、高度、沟岸长度、坡度等）来计算不同时间侵蚀的容积变化，据此推算侵蚀沟侵蚀量，国内外都有学者利用该方法进行过侵蚀沟相关研究。例如，Casali 等（2006）、Govers（1988）、Vandaele 等（1995）以及国内的张洪江等（2007）、李怀恩等（2007）都以此方法为基本的数据获取方法进行了关于侵蚀沟的研究。该方法简单、直接、成本较低，可用于短期测定，但同时具有较大的局限性，如费时费力，不适合大尺度范围测定，而且测算精度不定，取决于侵蚀沟的形态是否复杂以及测量时间隔距离的大小。

2. 侵蚀针（桩）监测法

该方法是在侵蚀边缘每隔一定距离布置侵蚀铁针或水泥桩，作为基准点，雨季后用水准仪或全站仪测定侵蚀沟发育边缘与侵蚀针（桩）的两个时间段的位置变化，进而测算土壤侵蚀量。该方法是目前侵蚀沟监测的经典方法，如 Vandekerckhove（2001）在西班牙和 Ionita（2006）在罗马尼亚即应用这种方法进行监测，取得了较理想的观测结果；秦高远等（2007）在云南省文山县新开田村使用此方法获取了切沟侵蚀量；陈宗伟等（2006）运用此方法研究了高速公路弃土场边坡沟蚀规律。该方法的优点在于精度较高，能够进行短期监测，而且较地面手工测量法而言，省时省力；缺点是在侵蚀沟边缘布置铁针或水泥桩，可能会加剧侵蚀沟沟缘的不稳定性，另外，侵蚀沟内部因崩塌、下切作用等产生的形态、体积的变化也难以测量，导致计算总侵蚀量时产生误差。

3. 航片或地形图解译法

该方法是利用多时段的航片或大比例尺地形图解译得到多时段的侵蚀沟或者通过航片或地形图获取 DEM 来进行侵蚀沟的相关研究。该法迅速、简便、易于实现周期监测，而且能够计算侵蚀沟因地表径流、重力侵蚀、侵蚀沟下切作用等产生的侵蚀总量，并能确定侵蚀活跃部位，绘制出侵蚀沟侵蚀图形。Harley（1999）、Martinez（2003）、Shibru Daba（2003）基于航片获取了 DEM、DOM 及 DTM 等参数进行了侵蚀沟研究；姜永清等（1999）将航片与地形图相结合分析了瓦背状浅沟分布规律；王辉等（2008）基于航片和地形图提取 DOM 和 DEM，据此来获得沟宽、沟长和坡度、高程以及沟蚀量。缺点是限于多数航片或地形图比例尺太小（多在 1∶10000 以下），对于形态上变化小的侵蚀沟系统，如每年几十厘米的沟头前进速度，分辨率达不到要求，只能进行中长期监测，满足不了短时间尺度监测要求。

4. 高精度差分 GPS 法

该法是利用高精度差分 GPS 仪，在侵蚀沟内测定大量点的位置参数（长度、宽度、深度、面积、高程），利用 GIS 技术生成 TIN 或 DEM，然后从 TIN 或 DEM 中提取所需各种地貌参数，如坡度、汇水面积等，进行沟蚀量、侵蚀速率等侵蚀沟的相关研究。目前，国内外利用此法进行了很多相关研究，Yougqiu Wu（2005）、游智敏（2004）、何福红等（2005）等使用此法进行侵蚀沟研究。该法快速便捷，能够制图，且定位精度高（可达厘米级），在恶劣的天气下也具有良好的稳定性，但是对于一些形态复杂的大型冲沟，流动站接收机在某些观测点上常常因接收不到基准站 GPS 仪发来的位置信号而导致误差产生，同时该方法在侵蚀沟短期监测上有优势，在较长的时间尺度和较大的空间尺度上使用具有局限性。

5. 其他新兴方法

近年来，有些学者还进行了一些新监测方法的探索，其中较典型的有以下几种：

（1）热气球照相法。Ries（2003）利用热气球在 350 米以下的近地面拍摄大比例尺（1∶200~1∶10000）的照片，获得高清晰的影像。该方法大大弥补了航片的不足，可以监测数厘米的侵蚀沟形态变化。其不足之处在于，购置成套设备价格昂贵，调查费用高，另外热气球的稳定性很容易受到风的影响，拍摄的相片常存在不同程度的倾斜，造成像点的位移和方向偏差。

（2）树木断代法。Vandekerckhov（2001）首次用树木断代法进行了沟蚀研究。Ireneusz Malik（2008）根据根的剖面年轮来测定侵蚀沟的年龄和侵蚀速率。树木断代法是一种基于树木年代学的计算侵蚀沟中长期侵蚀速率的方法，该方法是将受侵蚀沟影响的树木或其部分根系作为“断代标示物”，先用树木年代学方法确定其发生年代，再根据该年代在侵蚀沟侵蚀发生以前、以后或发生过程中，来估算侵蚀沟侵蚀发生的大致年代，以此进一步推算侵蚀沟侵蚀速率。由于该方法得到的也只是侵蚀沟形成或发生的大致年代，时间精度远得不到保证，仅适用推断历史时期发生的侵蚀事件，存在较大局限性。

（3）RS 和 GIS 结合的方法。当前，沟蚀研究主要是在小尺度上进行。近年来，有学者将 RS 和 GIS 相结合尝试进行大尺度上的侵蚀沟研究。该方法主要是以 RS 影像为数据源，借助 GIS 的空间分析能力，辅之其他分析手段进行侵蚀沟的空间分布格局、沟蚀量及其对生态环境的影响研究。

Hughes 等（2003）通过典型区航片解译提取侵蚀沟分布，选取影响侵蚀沟发育的地理环境因子，如土地利用、地质、土壤结构、降雨量和极端气候事件以及地面坡度、坡长等共 15 个指标，建立了侵蚀沟密度模型，在 GIS 技术支持下，获取了澳大利亚 Murray-Darling 流域（面积 110 多万平方千米）无航片数据区的侵蚀沟密度，生成了整个流域的侵蚀沟密度图。Vanwalleghem（2008）选取了影响凹陷和侵蚀沟形成的因素，如人为因素有距村庄的距离、距田坎的远近等，自然因素有坡度、坡向、集水面积等，借助 GIS 的空间分析能力，运用稀有事件逻辑回归方法建立了凹陷和侵蚀沟与这些因子的关系，定量地评价了因子的重要性，并且模拟出全区的凹陷和侵蚀沟的概率分布图。Rania Bou Kheir（2008）利用基于 GIS 的决策树模型评估了侵蚀沟的分布和频率。

总之，目前关于侵蚀沟观测的各种方法都有其明显的局限性，还未形成得到公认的、标准的侵蚀监测方法。今后监测方法的发展方向，应该是各种方法（航片解译、地面测量等）与断代技术的结合。

（四）沟蚀形成的控制因素

侵蚀沟的发展受到水文、降水、地貌、土壤、土地利用及植被的影响，是这几个因子综合影响的结果，这种地貌过程只有在水文、降水、地貌、土壤和土地利用等因子超过临界值时才会发生（Poesen et al.，2003），侵蚀沟发生发展受到这些因子的控制。

1. 水文

侵蚀沟只有在一次降雨事件中股流的强度超过某一阈值时才能形成。Horton（1945）首次提出了沟道产生的径流阈值的概念，其将这种径流阈值称为临界径流剪切力（τ_c）。因此，当前的主要问题是：τ_c 多大才能产生侵蚀沟?

自从此概念提出后，很多学者（Vanoni et al.，1975；Crouch et al.，1989；郑粉莉等，1989；Gilley et al.，1993；Li，1995；Sidorchuk，1998；蔡强国，1998；Franti，2001）就细沟的临界剪切力值进行了研究，而对浅沟以上的侵蚀沟研究却很少。Nachtergaele（2001）计算了比利时中部 33

条浅沟和葡萄牙南部 40 条浅沟在最大流量（Peak Flow）时的临界剪切力 τ_c，发现发育于比利时中部表层粉黏土中的浅沟的 τ_c 变化于 3.3~32.2Pa（平均为 14Pa），而发育于葡萄牙石质沙壤土中的浅沟的临界剪切力变化于 16.8~74.4Pa（平均为 44Pa）。Poesen 等（2002）通过分析水流宽度与临界剪切力的关系，发现它们之间存在着反向关系。这两个研究区 τ_c 值的差异不是由土地利用类型带来的，应该归因于土壤类型的差异，可能与两地土壤含水量的较大差异有关。这亦与 Poesen 等（1999）的实验结果趋于一致，Poesen 认为表土碎石含量将降低土壤对股流的侵蚀敏感性。另外，Prosser（1996）研究了澳大利亚东南部冲沟启动的阈值条件，研究表明，发育于河谷底部非农耕地上的冲沟，其 τ_c 值大小与植被覆盖类型密切相关，不同的植被类型的 τ_c 值差异较大。

由于野外测定侵蚀沟启动的临界水文条件具有很大的挑战性，目前的研究还停留在初级阶段，不同环境及不同土地耕作措施下的侵蚀沟启动的临界条件究竟如何，还有待进一步深入探讨。另外，鉴于野外测定的种种困难，对侵蚀沟临界水文条件评定亦可转化为对降雨、地形、土壤（岩土）性质、土地利用等这些控制径流水文条件的因素的研究。

2. 降雨

在不同的环境下多大的降雨量才能导致侵蚀沟的发展？Poesen（2003）总结当前关于农地上降雨量带来侵蚀沟产生的所有研究，得出其范围在 14.5 毫米$<P<$22 毫米，并且其称此种差别是由受耕作方式和先期降雨影响的不同的地表状态（粗糙度等）而造成的。

Nachtergaele 等（2001）通过 15 年 38 次浅沟发生事件的分析发现，冬季发生浅沟的降水临界值为 15 毫米（n=21），而夏季为 18 毫米（n=17），它们间的差异主要归咎于冬夏季土壤含水量的不同。Prosser 等（1998）研究发现，澳大利亚的种植林地的土地侵蚀沟出现的临界降雨量（P=80~100 毫米）较明显地比在苗圃上出现侵蚀沟所需雨量大。Vanwalleghem 等（2005）对比利时黄土地带农作区 18 条冲沟进行了长达 5 年的观测研究，认为这些冲沟形成于 14~32 毫米的降雨环境中，平均降雨量为 23.8 毫米，冲沟沟道启动的最小降雨阈值仅为11.5毫米。有限的数据表明沟蚀量在干旱环境要比湿润环境重要（Poesen et al.，1996；Poesen et al.，1997）。根据对比利时中部降雨周期与沟蚀占土壤流失的比率数据来看（Vandaele et al.，1995），沟蚀受降雨的强度和频率影响很大，任何气候上的变化都会有可能影响沟蚀。对一些大陆性气候显著的国家，融雪也会造成沟蚀。

由于侵蚀沟降雨阈值的研究必须在野外条件下才能进行，因而目前关于不同环境条件下（地形、土壤、土地利用等）的侵蚀沟启动阈值还没有系统、深入的研究，现有的研究结果也相差较大，有待今后更多的研究进行补充和验证。

3. 地形

地形坡度和汇水面积是目前研究最多的两个侵蚀沟的地形控制因子。Patton等（1975）首次运用阈值的概念来预测侵蚀沟沟头发育的位置。这一概念是基于这一假设，即在一个景观中在给定的气候和土地利用条件下，存在一个给定的坡度（S）和临界汇水面积（A）可以产生足够的径流带来侵蚀沟的产生，且随着坡度加大，临界汇水面积A值必定减小，反之亦然；不同的环境条件和不同的侵蚀沟启动过程，存在不同的阈值；这种S和A之间的关系可以用幂指数关系来表达（Begin et al.，1979；Vandaele et al.，1996）：

$$S=aA^{-b} \tag{1-1}$$

式中，S为坡度；A为汇水面积；a、b为不同环境下的系数。

侵蚀沟产生的地形临界阈值概念为我们在景观中预测侵蚀沟的产生提供了物理基础。此后，不少学者通过对不同环境下侵蚀沟发育地形的研究，得到了一系列不同的侵蚀沟启动地形阈值。如Morgan（2003）在斯威士兰中部的Veld流域得到的冲沟坡度与上游汇水面积的关系式为$S=0.1577A^{-0.0645}$，Claudio Zucca等（2006）在意大利地中海地区得到的关系式为$S=0.179A^{-0.20}$。在我国，伍永秋等（2005）在陕西省绥德县采用GPS系统测定冲沟处的地形和冲沟位置，得出了黄土高原的关系式$S=0.1839A^{-0.2385}$；程宏等（2006）在内蒙古中南部地区得出的冲沟沟头和上游临界汇水面积的关系式为 $S=0.064A^{-0.375}$。可以看出，不同地区的 a、b 系数值均存在一定差异。

虽然当前没有可获取的数据表明侵蚀沟与地形之间的关系，但是坡度和汇水面积对于侵蚀沟的影响是显而易见的（Poesen et al.，2003）。

4. 土壤

许多学者进行了细沟和细沟间侵蚀土壤可蚀性的研究（Bryan，2000），但是对于土壤对沟蚀的敏感性研究却相对较少。土壤类型，特别是具有不同抗蚀性的土层的垂直分布，很大程度上控制着侵蚀沟横截面的形态（Poesen et al.，2003）。Ireland 等（1939）通过对美国东北部的研究，首次指出了 Bt 层对控制侵蚀沟深度和沟头形态的重要作用，对在澳大利亚双层土壤（Sneddon et al.，1988）及欧洲黄土（Poesen，1993）上所做的切沟发育研究也得出了相似的结论。Nachtergaele 等（2002）对黄土的研究表明：①Bt 层的 τ_c 和沟道抗蚀性要明显大于 Ap 或 C 层；②每个土层前期含水量的增加会降低它们的可蚀性，特别是在渗流的情况下更是如此（Mooreet et al.，198；Huang et al.，1996）。有 Bt 层存在的土壤，浅沟最大的侵蚀深度也仅 0.5 米，然而，倘若没有 Bt 层存在，集中股流可能使侵蚀沟深度达数十米。Bt 层的侵蚀受各种过程的影响，如水蚀、耕作侵蚀、土地平整等。Evans（1993）在英国收集的野外数据表明，侵蚀沟在总的水土流失中的比例主要受占主导地位的土壤质地的位置影响。当土壤主要是粉沙、粗壤土和沙土时，主要是以细沟侵蚀为主，浅沟对于总的产沙量贡献降低。在比利时中部，没有 Bt 层的土壤剖面的沟蚀量是具有完整剖面的土壤的沟蚀量的 4~5 倍（Poesen，1993）。另外，土壤表面有大量的岩石碎屑物的，如受侵蚀的公路，片蚀和细沟侵蚀速率与沟蚀率相比相对较小（Poesen et al.，1998）。

5. 土地利用

在过去 50 年，世界各地由于人类的土地利用变化和极端降雨事件带来的侵蚀沟发展已经有很多证明，例如，200 年前欧洲移民带来的侵蚀沟发展（Prosser，1996），人类带来的植被变化在英国 9~10 世纪带来的侵蚀沟发展（Harvey，1996），这样的例子非常多。那到底什么样的环境导致了这些较大的侵蚀沟的发展？从这些例子中可以得出这样的结论，即许多侵蚀沟的形成是由于土地利用的变化使景观更加脆弱而易于侵蚀。

最近的一些例子明显地证明了渐变或突变的土地利用变化在诱发和增加沟蚀速率上的显著影响。如 Faulkner 等（1995）报道，在西班牙南部，为了扩大杏树的种植面积而迅速地拔除乡土灌木，促使大面积的侵蚀沟发育；Nachtergaele 等（2001）报道，比利时中部过去 20 年来玉米地面积的不断扩大是导致侵蚀沟侵蚀危险性升高的主要原因。Oostwoud Wijdenes 等（2000）研究了西班牙东南地区影响侵蚀沟沟头活动的因素，表明土地利用对侵蚀沟沟头活跃度有显著影响，近年来的土地利用变化，尤其是杏树栽种面积的扩展显著增加了沟头活跃度。Bradford 等（1980）研究表明，一个流域中，当土地利用类型是草地时，面蚀产沙率较小，而沟蚀将是主要产沙源，而当土地利用类型是农地时，面蚀将产生大量侵蚀。Cerdan 等（2003）在裸地和作物覆盖的流域也有相似的报道。另外，基础设施的建立，如灌溉渠和道路的修建，由于不合理的地表排水方式，也可以带来侵蚀沟的形成（Nyssen，2001；Vanacker et al.，2002）。Nyssen（2001）在埃塞俄比亚的丘陵地带的研究表明，研究区由于道路的修建使沟蚀量从 33%上升到 55%。我国学者范建容等（2004）在西南地区元谋盆地的研究亦表明，不同土地利用方式对侵蚀沟发育有重要影响。其中，侵蚀沟上游汇水区不同土地利用类型对沟头溯源侵蚀速度的影响明显，以裸地最快，其次是耕地，有林地最慢；汇水区植被结构对溯源侵蚀速率的影响，以覆盖较好的灌草、乔灌草结构遏制侵蚀沟侵蚀效果最为明显，而单纯的草结构或灌结构遏制作用较小。另外，研究还发现，侵蚀沟沟床植被覆盖度对沟头溯源速率的影响也较明显，植被覆盖率越高，沟头溯源侵蚀越慢。

总之，当前土地利用对侵蚀沟启动和发育的影响研究较多也较深入，但在土地利用与极端降雨事件的相互作用对侵蚀沟启动、发育的影响方面，还不十分清楚，对于能增加或降低侵蚀沟侵蚀风险的土地利用变化的驱动力因素方面还没有相关研究。

6. 植被

植被是陆地生态系统的主体，是控制或加速土壤侵蚀最敏感的因素。植被对于土壤侵蚀的作用主要表现在地上植株部分对降雨的截流作用；枯枝落叶层对降低径流流速、增强土壤入渗和减少径流量的作用；植被根系对于固结土壤、增强土壤结构稳定性和提高土壤的抗蚀、抗冲性起重要作用。

植被对于侵蚀沟的形成与发展的影响国内外有很多学者做过研究。Rey（2003）为研究林区侵蚀沟在相同的地质地貌条件下植被不同的分布状况对于侵蚀产沙量的影响，其在林区设置试验场地，经过两年的试验研究，得出结论：侵蚀沟的活跃度不仅与总的植被覆盖度有关，而且与沟床的低植被覆盖度有关，侵蚀沟的产沙量与植被分布状况密切相关，如果沟床的植被覆盖高于50%，侵蚀沟基本处于不活跃状态。Graf（1979）和Nogueras等（2000）在研究中强调了在半干旱环境股流严重的地区植被生物量在减少侵蚀沟生成上的重要性，其研究所得出的结论与Prosser（2002）在澳大利亚所做的各种研究得出的结论一致，即"在湿润地区自然植被的覆盖可以高度地抵抗股流的发生，因此侵蚀沟的发生仅受1000年或者更长时间的极端事件和气候变化影响。一旦植被覆盖退化，这种系统将对气候变化十分敏感，小尺度的气候变化将带来侵蚀沟的产生，植被退化区的许多峡谷将经不起任何气候或高强度的径流，尤其对于高强度生产的庄稼地，任何较小的风暴、降雨和径流将带来侵蚀沟的产生"。在我国，关于沟谷侵蚀与植被的机制，雷阿林（1998）以黄土高原子午岭林区为实验样区，深入研究了林草植被与坡、沟侵蚀的演变，沟谷侵蚀与坡面侵蚀的关联，沟谷侵蚀的动态变化与植被覆盖率的关系；并提出了坡沟系统土壤侵蚀链的概念，使土壤侵蚀的研究由静态转为动态，以深入揭示坡、沟系统侵蚀方式演变的动力机制与能量转换，进一步阐明其侵蚀机制。李勉等（2005）通过室内放水冲刷试验方法，研究了坡沟系统坡面不同草被覆盖度及空间配置下，坡沟系统侵蚀产沙变化过程及特征。结果表明，放水流量较小时，覆盖度越高，侵蚀产沙量越小；沟坡产沙比随坡面草被覆盖度的增加呈指数增加，大流量比小流量下的增加幅度要大。坡面草被布设在坡下部时，其对沟坡侵蚀的危害最大。坡沟系统侵蚀产沙变化过程是增加—稳定—下降，其变化的阶段性不如单一坡面明显。

（五）沟蚀预报模型研究

在沟蚀模型研究方面，国外也进行过探索，比较有代表性的模型为以下两个：

1. 浅沟侵蚀模型

浅沟侵蚀模型或临时性切沟侵蚀模型（The Ephemeral Gully Erosion Model，EGEM）是专门用于模拟浅沟侵蚀的模型（Woodward，1999），它由水文和侵蚀两个模块组成，以一种非常简单的方式模拟浅沟的复杂时空变化，可估算单条浅沟的年平均土壤流失量。水文模块是基于径流曲线数（Curve Number）的一个物理过程模型；为了计算浅沟的最终宽度和深度，侵蚀模块使用水文模型输出的结果，以解决经验关系和物理过程方程的结合。假设一旦有径流发生，就出现峰值流量；然后根据峰值流量和径流总量决定侵蚀量。同时，假定沿沟长方向沟深是固定的，并假定浅沟将垂直向下侵蚀直至达到可蚀性较差的犁底层。由于通常认为深度>46 厘米的沟是切沟而不是浅沟，因此，浅沟的最大容许深度是 46 厘米。当达到最大深度时沟将加宽。模型在模拟前必须确定估算深度和最终沟长。

Nachtergaele 等（2001）在地中海环境下对模型进行了测试，评价地中海环境中 EGEM 预报浅沟侵蚀量的适宜性。他们在西班牙东南部（Guadalentin 研究区）和葡萄牙东南部（Alentejo 研究区）收集了 86 条浅沟的 EGEM 输入数据系列，估算浅沟侵蚀量。在使用 EGEM 输入参数估算的同时，还通过野外测量确定了每条浅沟的实际侵蚀量。测试的结果表明，EGEM 不能预报地中海地区的浅沟侵蚀。

2. 切沟侵蚀模型

Sidorchuk 等（1998）建立了模拟切沟发展第一阶段的三维水力学切沟

侵蚀模型（GULTEM）。该模型输出的是沟深、沟宽和沟的体积，但最终的沟长必须提前指定，而且不能模拟沟头溯源侵蚀。1999 年，Sidorchuk（1999）又提出了动态切沟模型（Dyimmic Gully Model，DIMGUL）和静态切沟模型（Static Gully Model，STABGUL）。切沟发展包括两个阶段：第一阶段切沟发展时间占切沟整个发育阶段的 5%，此阶段切沟形态特征（长、深、宽、面积和体积）很不稳定，沟道快速形成，切沟系统在这一阶段迅速发展；第二阶段是切沟发展的稳定阶段，占切沟整个发育阶段的大部分，这一阶段沿沟床侵蚀和沉积很微弱，沟底和沟壁形态稳定。DIMGUL 是模拟切沟发展第一时期的切沟形态快速变化的动态模型，它基于物质守恒和沟床形态变化的方法，其中直坡稳定性方程用于预报沟壁倾斜。STABGUL 是计算最终稳定切沟形态参数的静态模型，它基于切沟最终形态平衡的设想，高程和沟底宽度多年平均不变。

国外的侵蚀沟预报模型本身具有局限性，是建立在大量的假设条件之下，在国外不同的地理环境下不能通用。因此，在我国这些模型的适应性更加受到限制，对于我国沟蚀模型研究，就需要有符合自己实际情况的模型，我国也有学者进行了为数不多的研究，主要在以下方面：

江忠善等（1996，2004）以沟间地裸露地基准状态坡面土壤侵蚀模型为基础，将浅沟侵蚀影响以修正系数的方式进行处理，建立了计算沟间地的次降雨侵蚀产沙量方程。江忠善等（2005）建立的中国坡面水蚀预报模型中，考虑浅沟侵蚀对坡面侵蚀产沙的重要影响，给出了浅沟侵蚀影响因子的计算方法。

可以发现，以上的研究仅将浅沟侵蚀作为坡面产沙中的一个影响因子进行考虑，并没有针对浅沟建立相应的模型。

除此，张科利等（1992）从形态分析入手，探讨了浅沟侵蚀量的计算模型：

$$M = \frac{\sum_{i=1}^{n} V_t D}{ST} \tag{1-2}$$

式中，M 为年平均浅沟侵蚀量（$t/km^2.a$）；V_t 为每段浅沟的体积（m^3）；D 为黄土容重（t/m^3）；T 为坡面开垦时间（a）；S 为平坡段总面积（m^2）。通过采取定时测定浅沟形态，计算两次形态变化差值，来求算这一时段内坡面土壤侵蚀量。

可以发现，国内外在侵蚀沟预报模型研究方面相对面蚀建立的各种各样的经验和物理模型来说是十分薄弱的，上述几个模型都是具有区域特色的模型，其广泛应用的价值还微乎其微，无论是国内还是国外，还没有一个有普遍应用意义的沟蚀模型，我国在这方面的研究更加显得不足，因此加强沟蚀预报模型研究对于我们来说既是机遇又是挑战。

（六）沟蚀研究当前亟待解决的问题

就目前国内外沟蚀研究来讲，亟待解决的问题主要集中在以下六个方面（Poesen，1998；Poesen et al.，2003）：①在不同的时空尺度及气候和土地利用条件下，沟蚀量对总体侵蚀产沙量的贡献；②在不同的时空尺度下，监测和研究不同形态侵蚀沟形成与发展的技术手段；③在不同的环境条件下，根据水力学、降雨、地形、土壤和土地利用来确定侵蚀沟形成、发展和堆积的临界阈值；④沟蚀怎样与水文过程和其他土地退化过程相互作用；⑤研究合适的沟蚀模型，用这些模型来预测不同时空尺度下的侵蚀速率以及侵蚀沟的发展对水力学、产沙和景观变化的影响；⑥有效的侵蚀沟预防和控制措施。

在今后的研究工作中，在研究方法上应给予重视（Poesen et al.，2003；伍永秋，2000；程宏等，2003），主要包括：①对不同地区、不同空间尺度、不同时间尺度的侵蚀沟进行观测、分析研究的同时，充分利用高分辨率卫片、航片以及 GPS 提供大量的信息；②探讨如何将“3S”技术有效地应用于侵蚀沟定量研究，在深入探讨侵蚀沟侵蚀机理的基础上，建立实用的侵蚀沟预报模型，为定量评价其危害、土地资源合理利用提供有效的手段；③在注重侵蚀沟形成机理研究的同时，重视侵蚀沟侵蚀模型参数的区域变化规律，以便于它的推广以及完善大尺度侵蚀模型。

三、东北黑土区土壤侵蚀研究进展

（一）东北黑土区面蚀研究进展

东北黑土区的水土流失问题自 20 世纪 90 年代初开始已经引起学者的关注，谢军（1991）、赵树久（1992）、李明（1992）、沈波（1993）等分别从各自的角度论述了东北黑土区的土壤侵蚀现状和防治对策，此后，许多学者围绕此话题相继开展了一些论述（范建荣等，2002；刘晓昱，2005；孟凯等，1998；谢立亚等，2005；蔡强国等，2003；范昊明等，2005；刘宪春等，2005）。这些学者开展的工作大多从东北黑土区的水土流失的危害（如土地生产力下降，沟壑增多，耕地减少，淤积水库、河道，生态环境恶化，洪涝灾害频繁）、土壤退化（如有机质减少，N、P、K 减少，土壤容重增加），以及防治对策（如工程措施、生物措施、农业措施）方面开展。这些学者所做的工作大多是对东北黑土区的水土流失现状进行定性的分析，对于水土流失的机理和过程没有进行定量的研究。

东北黑土区的土壤侵蚀的机理和过程研究首先从张宪奎等（1992）开始。20 世纪 80 年代初我国引入美国通用水土流失方程（USLE），黑龙江水保所的张宪奎等（1992）从 1985 年开始，在典型黑土区的克山和宾县建立 31 个径流试验小区，通过对 7 年的观察试验数据的统计分析，确定了适合试验区的 USLE 方程中的各因子的求算方法，建立了黑龙江省土壤流失方程；与此同时，辽宁省水保所的林素兰等（1997）在辽北的西丰县安民乡泉河小流域设置 21 个不同坡度、轮作方式和耕种制度的径流小区，在 1980~1990 年对该区坡耕地中的 USLE 方程中各因子与土壤侵蚀的关系进行了研究，从而建立了辽北低山丘陵区土壤流失方程。他们的研究为以后的学者进行东北地区的坡面侵蚀的相关研究提供了有益借鉴。除此，张雪华等（2006）在东北地区不同土地利用类型、坡度以及枯枝落叶层的样方中进行人工降雨径流模拟试验，重点研究了 USLE 中植被与土壤侵蚀关系因子 C 值的地方适用性，初步估算出东北黑土农业区不同土地利用类型土壤侵蚀和非点源污染流失量化计算中的 C 值取值范围。

除了测定USLE方程中各因子的适应性所进行的径流小区试验外，呼伦贝尔市的水土保持研究站的李明贵等（2000）在呼盟岭东莫旗宝龙泉小流域设立14处径流观测小区，在1985~1994年的10年内测试了不同土地利用条件下的该区侵蚀性降雨及侵蚀性降雨的基本雨量标准，年月日降雨量、不同土地利用、植被、坡度与水土流失的关系，并且进行了径流量与土壤流失量的相关分析。

以上主要是利用径流小区试验法在东北黑土区所做的相关研究，而“3S”技术的出现，给水土保持学科带来了新的机遇。以不同分辨率的遥感影像为主要信息源，结合GIS和GPS技术，是一种快速、有效的水土保持研究方法。不少学者利用“3S”技术对东北黑土区的水土流失状况进行了相关分析和研究。黑龙江水保所的谢运杰等（2002）采用黑土区GPS的监测数据与RS、GIS解译生成的土地类型、土壤侵蚀数据进行复合集成和叠加分析，在GIS的支持下，系统地获取和分析了黑土区水土流失现状及演变趋势。赵峰等（2005）在GIS支持下，应用TM遥感影像提取土地利用和土壤侵蚀的相关信息，采用叠加分析法研究了吉林省中部耕地、林地、草地等不同土地利用状况的土壤侵蚀规律。韩富伟等（2007）以“3S”技术为基础，综合考虑土地利用、植被覆盖度、坡度等土壤侵蚀的地理环境因子，分析了长春市各县市的侵蚀现状和变化情况。类似的研究还有崔文华（2005）对呼伦贝尔市大兴安岭东麓黑土区的土壤侵蚀研究。

20世纪80年代以来，学者们利用^{137}Cs、^{210}Pb、^{7}Be等放射性核素示踪方法等一些新技术，创建稀土元素示踪技术对侵蚀空间分布和沉积及泥沙来源进行了研究（张信宝，1989；田均良等，1992）。这种方法近几年来在东北地区也开始使用，主要集中于东北地理与农业生态研究所进行的研究。方华军等（2005a）利用^{137}Cs技术研究黑土坡耕地土壤再分布特征，通过野外采样和模型分析得出研究区^{137}Cs沉降与纬度和降水相关，研究区各地貌部位^{137}Cs含量在坡肩部位含量最低，土壤侵蚀最为强烈；坡顶和坡背侵蚀较为微弱；坡脚和坡足基本上表现土壤沉积。另外，方华军等

(2005b) 利用^{137}Cs示踪技术研究坡耕地黑土侵蚀和沉积特征。除此，阎百兴等（2005）利用^{137}Cs示踪法，研究了东北黑土耕作土壤的流失厚度和速率，探讨了水土流失对土壤机械组成、有机质、土壤水分、容重及其N、P含量的影响。

范昊明等（2005）根据东北黑土漫岗区的地形地貌大背景以及坡面采样分析，得出黑土漫岗坡地面蚀（溅蚀）—沉积过程自上而下可分为互相过渡的几个带，即岗顶溅蚀带、面蚀加强带、面蚀强烈带、面蚀减缓带和坡下沉积带，这一结论基本与方华军的一致。可见，这基本反映了黑土区坡面侵蚀的一般规律。

USLE是一个基于经验的统计模型，随着GIS发展，GIS的栅格数据分析功能可预测出每个栅格的土壤侵蚀量，便于管理者找出较为严重的土壤侵蚀区，并针对性地提出最佳管理措施（BMPs），有效地提高了土壤侵蚀量的预测效率和结果的显示度，结合GIS与USLE在土壤侵蚀量预测与预报中成为热点。在东北黑土区，GIS与USLE的结合研究者也进行了相关的工作。刘淼等（2004）以GIS、RS和RUSLE为核心，根据呼中地区1990年遥感影像解译数据、统计资料和实地考察得到地貌、植被、降雨量、林业采伐、火烧迹地等资料，确定方程中各因子，对大兴安岭呼中地区土壤流失量进行了定量化分析；谭炳香等（2006）基于GIS、RS和USLE，对内蒙古根河林业局潮查林场的一个小区域进行了遥感植被分类和土壤侵蚀强度估测；韩富伟等（2007）基于USLE估算土壤侵蚀量，借助GIS叠加分析，通过分析不同坡度、不同坡向、不同地貌类型以及不同土地利用类型等背景条件下的土壤侵蚀潜在危险度情况，探讨了长春市土壤侵蚀潜在危险度的空间分布特点。

除了上面将GIS与USLE模型结合进行的研究，杨学明等（2003）直接采用RUSLE模型，对不同管理方式下坡度为3%、坡长为300米的坡耕地农田黑土流失量进行了计算，模型参数采用美国大陆使用的有关侵蚀参数。

景观的格局和过程之间有着密切的相互关系，景观内的不同土地利用及其格局均深刻影响径流的产生和侵蚀过程（王仰麟，1998；傅伯杰等，2003），近年来有学者尝试进行黑土区景观结构与土壤侵蚀的关系的研究。魏建兵等（2005）以黑龙江省拜泉县为案例，通过对比分析1989年和2002年类型水平景观指数及13年来景观类型的转移面积和转移方向、林网宏观结构变化、水库塘坝空间分布与数量变化、土地利用和景观结构调整对水蚀、风蚀的控制以及水库塘坝的蓄水功能变化，说明大规模生态建设下，区域景观类型数量和空间配置的变化对发挥其水土保持功能起到很好的调控作用。魏建兵等（2006）又以该县的双阳河流域为研究区，根据一定的标准提取30个子流域作为研究样本，计算各个子流域2002年土地利用现状的景观格局指数，运用基于GIS的通用土壤流失模型求算土壤侵蚀量，通过相关分析、多元回归等数理统计方法探讨不同景观格局指数与土壤侵蚀模数的呼应关系，从而探讨土地利用调整和流域综合治理下的景观结构特征对土壤侵蚀的影响，为当地或同类地区土地利用规划和侵蚀治理提供科学参考。

目前，对于黑土区的侵蚀的定量研究已不仅仅针对水土流失本身的面积、分布、严重与否等进行相关研究，对于土壤侵蚀对碳循环的影响方面也开始有相关研究。方华军等（2003）以东北黑土为例，计算其SOC库储量及耕种以来释放到大气中CO_2的数量以及黑龙江、吉林两省每年因侵蚀土壤迁移的碳量和因沉积作用引起的SOC在景观中再分布的数量，同时估算了东北黑土区采用新的管理方式后东北黑土最大固碳潜力和未来20年内土壤固碳潜力。之后，方华军等（2007）以侵蚀和沉积过程明显的黑土坡耕地为研究对象，通过测定不同地形部位表层和典型剖面土壤不同粒级的水稳性团聚体、颗粒态有机碳（POC）以及团聚体结合态有机碳含量，探讨土壤侵蚀和沉积对土壤有机碳（SOC）损失、迁移和累积过程的影响。

（二）东北黑土区沟蚀研究进展

东北黑土区的侵蚀沟由于其巨大的危害，20世纪80年代已经引起广泛关注，但是2000年以前对于黑土区侵蚀沟的研究主要集中于如何进行侵蚀沟治理的报道（陈书，1989；张显双等，1995；阎文贵，2001；张春山，2004)，对于侵蚀沟形成机理、过程、侵蚀量等方面的深入研究几乎没有，自2000年以来开始有学者较为深入地从定性和定量的角度进行东北黑土区的沟蚀方面的研究，但总的来说，到目前为止，黑土区的侵蚀沟研究主要集中在侵蚀沟的分类、危害以及研究方法的探讨，研究相对不足并显薄弱。当前学者对黑土区侵蚀沟研究进行的有益探讨主要集中在以下方面：

对于黑土区侵蚀沟的研究首先是从定性分析描述开始的，刘绪军等（1999）对于克拜黑土区的冻融侵蚀主要形态特征进行了初探，通过该区侵蚀沟冻融期的特征、侵蚀形态，以及受力状况将沟壑冻融侵蚀划分为沟岸冻裂、沟岸融滑、沟坡融泻、沟壁融塌4种主要侵蚀类型，为以后冻融期的侵蚀沟研究打下了良好基础。于章涛（2003）从地形、降水、土壤、植被以及人为等因素方面探讨了黑土地切沟侵蚀的成因，还从土地资源、社会资源以及治理费用高昂等角度详细分析了切沟侵蚀的危害性，让人们从理性上深刻意识到侵蚀沟的危害以及增加研究和治理黑土区侵蚀沟的迫切感。方广玲等（2007）概述了辽宁省气候、地质构造、地形、地貌、土壤及社会人文环境，分析了这些环境因素对辽宁省土壤侵蚀与侵蚀沟发展的影响。

对于东北区的侵蚀沟的分类，石长金等（1995）以沟壑占地面积、年侵蚀量为主要分类指标，以侵蚀沟长度为辅助分类指标，将黑龙江省侵蚀沟分为小型沟、中型沟以及大型沟，并且每种沟又分为稳定沟、半稳定沟和发展沟。戴武刚等（2002）对辽西低山丘陵区侵蚀沟进行分类，所选用的12个分类指标分别是沟长、沟宽、沟深、沟壑占地面积、年侵蚀量、沟头前进速度、土层厚度、植被盖度、沟底比降、汇水面积、降雨量、径流深；将该区侵蚀沟分为初期"V"形发展沟、中期"U"形发展沟和后期扩展型稳定沟，并将三种类型的侵蚀沟分为土质上发展与石质上发展两大类。范昊明（2007）根据东北黑土漫岗区侵蚀沟的发展阶段、形态特征、侵蚀沟底冲淤状况、侵蚀沟边坡扩展方式等，将该区侵蚀沟分为顺犁沟、浅沟、切沟、冲沟和槽沟5种类型；在此基础上，对侵蚀沟由顺犁沟至槽沟的发展过程、发展条件，以及面蚀与沟蚀的发展转化关系进行了阐述；最后还论述了东北黑土区侵蚀沟的分布特征。这些工作为我们认识、理解和研究侵蚀沟提供了良好的平台。

“3S”技术的出现为侵蚀沟的研究带来了机遇，于是有的研究者运用“3S”技术尝试进行小尺度的侵蚀沟的研究。游智敏（2004）针对黑龙江省讷河市的一条切沟，利用 GPS 采集侵蚀沟坐标数据，结合 GIS 的空间分析功能生成侵蚀沟 DEM，并进行了切沟侵蚀变化的比较，对 GPS 在小尺度侵蚀沟监测中的应用提供了良好基础。胡刚（2004）基于游智敏的研究，通过加入隔断线生成 TIN 的方法，对黑龙江省九三农垦分局鹤山农场六队的三条侵蚀沟进行研究，提高了生成侵蚀沟 DEM 的精度，为高精度地模拟侵蚀沟的面积、长度以及进行沟蚀量等侵蚀沟一系列相关研究提供了基础。

伴随着时间的推进，近两年来，这种小尺度上基于 GPS 的侵蚀沟的研究越来越深入，研究者逐渐以 GPS 为工具获取侵蚀沟参数，进一步分析侵蚀沟的形态特征以及产生原因等侵蚀机理方面的问题。张永光等（2006）通过 GPS 测量数据获得鹤山农场两个小流域浅沟的宽度和深度信息，进一步分析了浅沟的侵蚀量、分布特征，并且借助测量前后侵蚀沟的变化分析了降雨和冻融以及耕作措施对于浅沟侵蚀的影响。对于黑土区的切沟而言，胡刚等（2007）借助 GIS 平台生成 DEM，通过 DEM 的叠加分析，探讨了沟内蚀积变化特征。根据其研究，黑土区大多切沟正处于强烈发育的初期阶段，此时研究切沟发生发展规律将具有重要意义。同时，其提出了东北切沟侵蚀的概念模型，认为冬春季冻融侵蚀产生沟内堆积—雨季径流产生侵蚀的过程可能是该区切沟发育的一种重要模式。

除此，当前关于黑土区地形因子与侵蚀沟发育的关系也有研究，这方面的研究主要是根据国内外侵蚀沟研究进展中提到的沟蚀发生预测的临界模型开展的。胡刚等（2006）对东北漫川漫岗黑土区进行实地测量及地形图量算，推求出临界模型，校验了 Moore 的沟蚀发生公式。通过与野外实测浅沟和切沟发生位置对比，校验后临界模型预测的沟蚀位置较好地反映了野外实际状况。而张永光等（2007）根据地形临界理论，确定了研究区浅沟和切沟侵蚀发生的地形临界关系，即 $S_{EG} = 0.052A_{EG}^{-0.148}$ 和 $S_{G} = 0.072A_{G}^{-0.141}$，可以用来预测小流域内可能发生浅沟侵蚀以及浅沟向切沟侵蚀转变的部位，其在地形分析的基础上，建立了预测浅沟长度的回归模型。根据两人做的工作以及其他研究者做的这方面的工作，可以考虑运用 GIS 和 RS 的方法将这种小尺度研究推到更大的尺度上，使大区域上的侵蚀沟发生预测成为可能。

以上针对东北黑土区侵蚀沟的研究主要是在小的时空尺度上进行的，主要是针对一条或几条沟几年进行实地测量获得相关数据进行定量分析，而 GIS 和 RS 结合在流域甚至较大尺度上进行侵蚀沟的研究在黑土区也有尝试，并且取得了较好的成果。这方面的工作主要集中于东北地理与农业生态研究所张树文研究员及其学生进行的研究。闫业超和张树文等（2005）在 RS 和 GIS 技术支持下，选取黑龙江克拜地区作为典型研究案例，采用 20 世纪 60 年代地形图和 2000 年 ETM 为主要数据源，以侵蚀沟密度为主要指标，分析了研究区侵蚀沟密度的动态变化，侵蚀沟变化的高程、坡度、坡向分异特征以及侵蚀沟变化与地貌类型的关系，揭示了典型黑土区 50 多年来侵蚀沟的动态变化特点和空间分异规律。闫业超和张树文等（2006）用更高分辨率的 Corona 和 SPOT 影像对于该区侵蚀沟分布的格局变化和区域差异进行了更加深入的研究，揭示了侵蚀沟出现此种现象的自然和人为因素。随着研究的深入，闫业超和张树文等（2007）考虑到侵蚀沟的发育程度不同，危害不同，基于前期工作，结合野外调查，根据侵蚀沟的活跃程度，将黑土区的侵蚀沟分为活跃性、半活跃性和稳定性三种类型，阐述了不同类型侵蚀沟的影像特征和遥感分类方法，为利用遥感手段在区域尺度上对侵蚀沟进行快速调查提供了一种新途径。另外，李晓燕和张树文等（2007）探讨了克山县近 50 年的侵蚀沟密度的时空变化，研究结果表明，高程和坡度不是东北丘陵漫岗地区土壤流失的主要影响因子，坡长是该区侵蚀的一个重要影响因子。

（三）小结

黑土区仅有近百年的开垦历史，相应的土壤侵蚀研究起步较晚，研究基础比较薄弱，但是可以发现在大量学者的努力下，东北黑土区侵蚀的研究，无论在机理、过程还是新技术新方法使用上都进行过有益的探索，虽然绝大部分研究都在借鉴国内外相关研究的基础上进行，独创性研究较少，但是这些都为我们后续进行侵蚀的研究奠定了良好的基础。

尤其对于本书进行的沟蚀研究来说，东北黑土区目前相关学者所做的“3S”技术运用与侵蚀沟的研究工作可以说在国内是属于领先状态的，虽然有些研究的空间尺度通常限于几平方千米或几十平方千米，只能针对一条或少数几条侵蚀沟进行，研究的时间尺度一般 1~2 年。总的来说，对于较大时空尺度上沟蚀的空间分布格局及风险预测和评价等问题研究不够深入，但是正是这些问题的存在，使本书开展深入的研究工作成为必要，成为本书研究的机遇和挑战。

第三节 研究内容、创新点及技术路线

一、研究内容与方法

(一) 侵蚀沟与景观格局的关系研究

景观格局的配置与侵蚀沟的形成之间具有密切的关系，以小流域为基本分析单元，选择与侵蚀沟形成具有重要关系的景观格局指数，运用统计分析，探讨侵蚀沟与景观格局之间的关系。

(二) 沟蚀影响因素指标体系建立及主控影响因素分析

东北黑土区侵蚀沟是在气候、地形、土壤、植被、土地利用等因素的综合作用下形成发育的。根据上述沟蚀影响因素，参考国内外相关研究，针对地形、土地利用、降雨等各因子运用 GIS 和各种统计软件分析功能，建立合理的评价指标体系，探讨各指标与侵蚀沟之间的相关关系和综合作用机制，进行定性和定量的分析后，最终筛选出影响侵蚀沟形成的主控因

子进行建模。

（三）侵蚀沟发生预测模型研究

以地貌临界关系 $S=aA^{-b}$ 为基础进行侵蚀沟发生预测研究，当前该模型在黑土区的主要应用是采用实测法进行小尺度参数的验证及合理性研究，本书运用前人所做研究和实测数据作为理论基础和实践支持，探讨基于GIS进行大尺度研究的可行性。

（四）侵蚀沟发生风险评价模型构建

构建研究区侵蚀沟发生风险评价模型，对模型进行改进，直到达到精度要求，最终建立侵蚀沟发生风险评价模型，然后结合侵蚀沟的环境因子层，将结果推演到整个乌裕尔河、讷谟尔河流域，获取该区的侵蚀沟发生概率图以及不同发生风险等级的侵蚀沟发生分布图。

二、创新点

（1）本书以东北黑土区水土流失为对象，以侵蚀沟发育为重点，系统和深入地开展了基于RS和GIS技术的沟谷信息的提取、发育环境分析和发育程度分析，构建了发生风险评价模型及其指标体系，实现了沟蚀易生区的脆弱性预测和评价，对黑土区的资源健康利用和有效保护有指导意义。

（2）确定了影响侵蚀沟形成的若干因子，运用“黑箱”模型模拟侵蚀沟的发生分布状况，模型结构简单，具有推广和应用价值。

三、技术路线

本书主要是在RS和GIS技术的支持下，获取研究区的侵蚀沟信息以及与侵蚀沟形成发育相关的地理环境因子，探讨它们之间的关系，构建侵蚀沟发生风险评价模型，另外探讨了侵蚀沟与景观格局的关系和基于 $S=aA^{-b}$ 地貌临界模型预测侵蚀沟分布上的可行性，图1-1所示为本书具体的研究技术路线：

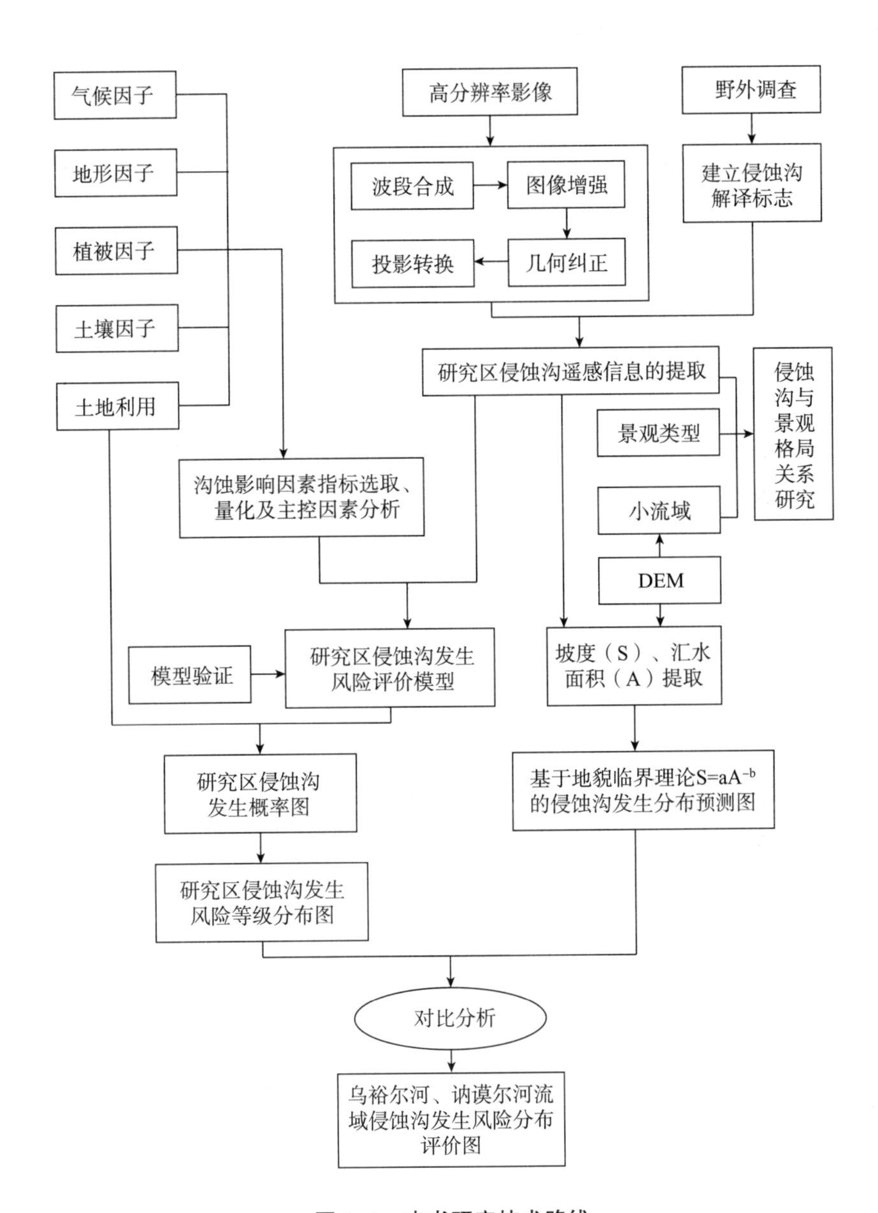

图 1-1 本书研究技术路线

第 二 章

东北黑土区土壤侵蚀环境及侵蚀数据库的建立

第一节　东北黑土区侵蚀环境

一、黑土区范围和面积的界定

中国东北黑土区作为我国重要的商品粮基地，以其有机质含量高、土壤肥沃、土质疏松、最适宜耕作而闻名于世。“黑土”已是一个广为接受的概念，但是不同学者对黑土概念认识却有差别，这使对于黑土区范围和面积的界定有所不同，因此在文献引用黑土区面积时，导致对东北黑土区范围界定不清。

中国科学院东北地理与农业生态研究所的张树文研究员，从文化形态对地理环境的影响出发，认为东北黑土区除包含狭义上的东北黑土区、区域意义上的黑土区以外，在水利部黑土区范围界定的会议上提出了“文化层面上的东北黑土区”的概念，因为受不同地域文化影响的人群，具有不同的价值取向和生态环境意识，对土地的利用方式也有很大差别，土地的价值体现的形式也不一样。其提出此种概念后，松辽委松辽流域水土保持监测中心站、黑龙江省水土保持监测总站、吉林省水土保持监测总站联合作业，采用“3S”技术与野外踏勘、抽样调查与定位研究、科学试验与现有科研成果相结合，将黑土区分为典型黑土区和东北黑土区（广义黑土区）。他们定义“典型黑土区”即黑土、黑钙土的分布区。典型黑土区主要分布于松辽流域腹地，北起嫩江、北安，南至四平，在黑龙江省多分布于齐齐哈尔、绥化、黑河、佳木斯及哈尔滨等市（区），在吉林省主要分布于长春、四平、吉林、辽源等市及延边朝鲜自治州，在内蒙古分布于呼伦贝尔和兴安盟境内，辽宁只分布在昌图县境内。此外，在小兴安岭山地以东还有岛状分布，结合全国第二次土壤普查数据，典型黑土区总面积10.8466万平方千米。而对于东北黑土区（广义黑土区），考虑地质地貌、植被、社会经济、土地利用等在区域上的相对一致性，他们将其定义为涵盖了黑龙江、吉林、辽宁3个农业大省，以及与之毗邻的内蒙古东部、大兴安岭东麓余脉和松嫩平原西部、辽河平原北部的草原牧区。区域范围包括松花江、辽河两大流域中上游（黑龙江、吉林、辽宁、内蒙古四省区）地区，即位于松嫩平原和辽河平原，北起大小兴安岭南麓，南至辽宁省大连市，西到内蒙古的东部地区大兴安岭山地边缘，东达乌苏里江和图们江，辖区面积103.02万平方千米（王岩松等，2007）。可以看出，东北黑土区范围的界定，松辽委更注重国民经济结构的整体性，主要是以行政单元来划分的。从中可以发现，其提出的这一概念与张树文研究员所提概念在内涵上具有一致性。此外，范昊明等（2005）对于黑土区的面积和范围也进行了类似的界定，将11.78万平方千米的黑土、黑钙土分布为主的土壤面积称为“中国东北典型黑土区”；而其定义的“中国东北黑土区”的范围直接采用上述松辽委对黑土区的定义与范围界定。范昊明等（2005）认为，松辽委这一定义与范围界定在理论上与水土流失治理的实践操作上都具有一定的实用价值，“黑土区”这一名词对于东北地区来讲则具备了更多的象征意义。除此，全国土壤普查办公室所著《中国土壤普查数据》（1996）一书中认为，东北黑土区主要指松花江、辽河两大流域中上游的广大地区，面积103万平方千米，涉及黑龙江、吉林、辽宁、内蒙古四省（区），即松嫩平原和辽河平原。根据20世纪80年代土壤普查结果，黑吉两省典型黑土的耕地面积为11.267万平方千米，占全国耕地面积的10.6%。另外，范建荣等（2002）也有类似的定义。

以上研究主要是将黑土区分为典型黑土区和黑土区两类来进行黑土区范围和面积界定工作。而另外一些对于黑土区范围和面积界定的工作并未将黑土区进行如此分类，只是简单地称为黑土区并对其进行面积和范围的界定。主要有以下的研究：

黑龙江水土保持研究所的解运杰等（2002）采用车载GPS系统沿黑土

带边缘进行跟踪作业，获取了连续、精密的空间坐标，经内业解算、闭合平差，得到具有较高面积和坐标精度的矢量图形，得到了以黑土、黑钙土为主的黑土区的面积，黑土区范围北起黑龙江省嫩江县和龙镇，西到大兴安岭山地东西两侧，东达黑龙江省铁力市和宾县，南至吉林省四平市和怀德县，此外在小兴安岭山地以东还有岛状分布，总面积 10.8 万平方千米。可以看出，谢运杰等对于黑土区面积的划分与松辽委的典型黑土区的界定意义基本一致，基本是以东北地区黑土和黑钙土所代表的土壤面积为主。魏才等（2003）以 20 世纪 80 年代农业区划时按中、小比例尺计算的黑土和黑钙土的面积为准，确定东北地区黑土面积 11.78 万平方千米，其所指黑土面积与范昊明等（2005）的是一致的。

除此，另外一些对于黑土区范围和面积的界定研究与松辽委对于东北黑土区的界定基本一致，他们主要以东北地区的行政界线为参考来界定黑土区面积和范围。沈波等（2003）认为，我国东北地区黑土区面积约 101.85 万平方千米，主要分布在松嫩平原和辽河平原，北起大小兴安岭南麓，南到辽宁盘锦，西与松辽平原的草原和盐渍化草甸草原接壤，东达乌苏里江和图们江，涉及黑龙江、吉林、辽宁、内蒙古四个省（区），黑土区面积大概分布为黑龙江 45.25 万平方千米、吉林 18.7 万平方千米、辽宁 12.29 万平方千米，内蒙古 25.61 万平方千米。而孟凯等（1998）指出，东北三省黑土区总土地面积 76.84 万平方千米。黑土区主要包括松嫩平原、三江平原、大兴安岭山前平原、辽河平原，北达黑龙江右岸，东延伸至小兴安岭和长白山山间谷地以及三江平原，南抵辽宁千山，西连内蒙古高原。不难看出，孟凯等（1998）所指黑土区也是以行政区界线为参考，只是没有考虑内蒙古部分，因此面积为 76.84 万平方千米。另外，杨文文等（2005）在其文章中称东北黑土区面积为 70 多万平方千米，其对黑土区的理解与孟凯等（1998）大体一致。

从以上对黑土区范围和面积的界定研究中可以发现，黑土区范围和面积的界定主要是基于以下两个标准：①黑土和黑钙土的分布范围；②行政区域界线。另外，除了以上两种标准外，对东北黑土区的范围和面积的界定还有另外一个标准：方华军等（2003）在其研究中采用全国土壤普查办公室所著的《中国土种志（第二卷）》（1994）界定的我国东北地区黑土总面积为5.135万平方千米；陆续龙（2001）、崔海山等（2003）采用黑龙江土壤（1992）、吉林土壤（1998）界定的黑土区总面积为5.82万平方千米；孟凯等（1998）认为其面积为5.90万平方千米。据第二次全国土壤普查资料统计（全国土壤普查办公室，1998），黑土资源主要分布在东北松嫩平原东部和北部的山前台地及其蔓延地带，其主体呈弧形自北向南分布于43°20′~49°40′N、122°24′~128°21′E之间。在纬向上北起黑龙江省的嫩江、龙镇，南至辽宁省的昌图，沿滨北及滨长铁路两侧联结成一条完整的黑土地带；在经向上西到内蒙古的布特哈旗（扎兰屯），东达黑龙江省铁力市和宾县。此外，在小兴安岭以东的佳木斯、集贤、富锦，黑龙江沿江阶地的黑河、逊克有小片黑土分布；在吉林省东部长白山脉的山间盆地、山前台地有零星黑土分布。以上对于黑土区范围和面积的界定都是以典型黑土的分布区为标准的，而且他们所采用的黑土区面积都为第二次土壤普查黑土面积（刘春梅，2001），出现差别的原因主要是有的仅以黑吉两省的黑土面积为准，有的将内蒙古和辽宁的黑土也囊括进来。

由此可以看出，当前对我国东北“黑土”概念上的认识差别，使在黑土区范围和面积的界定上出现不同的认识，使黑土区的面积出现了5.15万平方千米到100多万平方千米的差异。但通过总结发现，对于黑土区范围和面积的界定当前主要有三个标准：①黑土和黑钙土的分布范围；②行政区域界线范围；③仅以典型黑土的分布范围为标准。

本书中，以1∶100万土壤图上勾画得出的典型黑土区所在范围为标准，得出典型黑土主要分布于松嫩平原东部和北部的山前台地及其蔓延地带，在三江平原也有零星分布（见图2-1）。其主体呈南北狭长的弧形条带状延伸，因此也称为“东北黑土带”。

二、东北黑土区概况

（一）黑土区气候

典型黑土地区基本属于稳定大陆性季风气候区。其特点是四季分明，

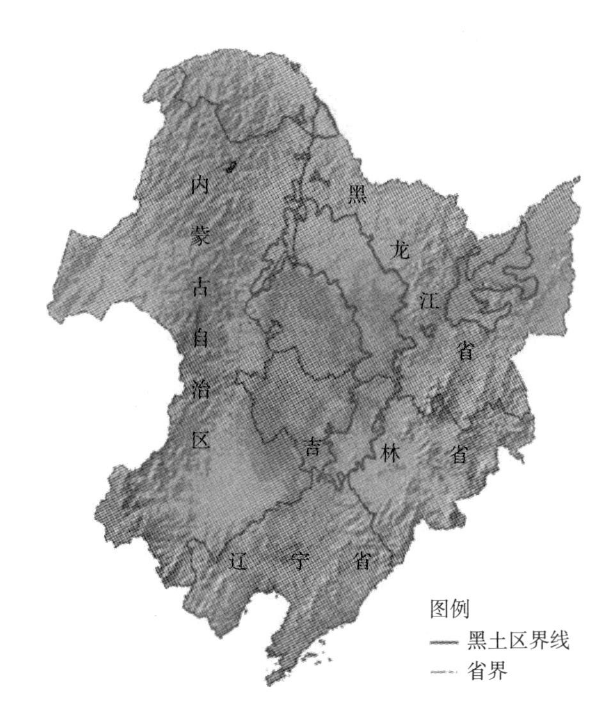

图 2-1　东北典型黑土区分布示意图

冬季寒冷漫长，夏季温热短促。年平均降水量在 500~600 毫米，季节分布不均，其中 7~9 月占全年降水量一半以上。作物生育期间水分较多，有利于作物的正常生长，并能促进土壤有机质的大量形成与积累。黑土区的干燥度≤1，气候条件比较湿润。区内年平均气温为 1℃~7℃，由南向北递减。10℃以上是大部分作物生长旺盛时期。黑土区≥10℃积温的分布特点是由南向北递减，在 1700℃~3200℃内相差很大。无霜期 90~140 天，冬季严寒少雪，土壤冻结深、延续时间长，季节性冻层发育明显。土壤冻结深度达 1.5~2 米，延续时间长达 170~300 天。

（二）黑土地形地貌

黑土区同属地壳运动的下沉地带，构造上属新华夏系第二沉降带，即松辽断陷受不同程度切割的高平原和山前洪积平原。黑土地区的地形大都是在新构造运动中间歇上升，并受不同程度切割的高平原、台地和阶地地貌，地势平缓辽阔，多为波状起伏的冲洪积台地，坡度一般为 1°~5°，个别可达 10°以上。耕作区更为平缓，多在 1°~3°，但是坡面一般比较长，为 500~1000 米。黑土区地貌主要是堆积剥蚀地貌，地貌特点为小坡度，长坡长。

（三）黑土区土壤

土壤的形成、分布、演变与气候、水文、地貌、植被、母质和人类活动等因素密切相关。黑土区特殊的自然条件奠定了黑土的发育，黑土为该区的地带性土壤。黑土的形成具有显著的有机质积累过程，黑土土壤层的厚度一般在 20~100 厘米，有机质含量一般高达 10%~20%，pH 呈中性。黑土表层土质疏松，抗蚀抗冲性较差。

（四）黑土区成土母质

黑土区土壤的成土母质比较简单，主要有三种：①第三纪沙砾、黏土层；②第四纪更新世沙砾、黏土层；③第四纪全新世沙砾、黏土层。其中以第二种分布面积最广。黑土母质质地黏细，颗粒较为均匀，以粗粉沙和黏粒为主，具有黄土特征。黑土地区多是过去的凹陷地带，堆积着厚厚的沉积物。岩层组成上部以黏土层为主，中下部沙砾质增加或为沙黏互层，底部则以沙砾层为主。与黑土形成和发育过程关系最为密切的是上部黏土层。第四纪更新世沙砾层上部的黏土层厚度为 10~40 米。黑土绝大部分发育在这些黏土层的上部，只有少数地势起伏较大而且割切严重的地方，在黑土层下部可见沙砾层。黑土的成土母质是黏土、亚黏土，黑土母质一般无碳酸盐反应。黄土状土母质对黑土的理化性质和水分特点有很大的影响，丰富了养分存储，促进了土壤结构等的形成，但黏性土的特点很不利于水分的渗透。

（五）黑土区植被状况

黑土的自然植被为草原化的草甸植被，俗称为“五花草塘”，以杂草群落为主，包括菊科、豆科和禾本科等组成植被。它的特点是植物种类多而不集中，各种植物相差不大，没有十分明显的优势种。植被生长茂盛，覆盖率为 100%，矿物质的生物循环量大。黑土区暖季短，冷季长而寒冷，土壤微生物活动强度不大，大量的有机物难以迅速分解，多转化为腐殖质，因而成为黑土形成的主要因素之一。目前，黑土区多开垦为农田，地表自然植被被破坏，地表覆盖物多为一年一熟的农作物植株，为我国的大豆、玉米和小麦等商品粮基地。

（六）黑土区社会经济状况

历史上黑土区的经济活动基本上以狩猎、畜牧为主；现在区内社会经济相对发达，工业化、城市化也在快速发展。该区近几年农村经济发展势头较好，甜菜、水稻种植面积逐年增长，玉米等粮豆总产量也有很大的增长，每年可向国家交售商品粮 350 亿千克。种植业的发展为农副产品加工业奠定了充足的基础，同时建立了糖、乳、麻、粮油、肉蛋、皮革、饲料等一系列企业群体。除种植业外，畜牧业也有很大的发展，家禽饲养量、生猪饲养量、山绵羊存栏都有增长。同时，哈尔滨市和长春市众多的高等院校和科研机构，为区内发展社会经济建设提供了丰富的智力资源。黑土区也是我国重工业集聚区，其间分布着沈阳、长春、哈尔滨、吉林、四平、齐齐哈尔等大中型重工业城市。

三、黑土区土壤侵蚀环境

黑土区东、北、西三面为低山、中山所包围，中部是一片广阔的大平原。典型黑土区内地形大多是高平原和山前洪积平原，山前台地分布于黑土区的四周，冲积平原分布于中间（范昊明等，2004），也就是俗称的丘陵漫岗和漫川漫岗（王玉玺等，2002）。

黑土区存在多种水土流失形式，包括水力侵蚀、风力侵蚀、重力侵蚀和冻融侵蚀。对于黑土区水土流失产生的原因，很多学者（王玉玺等，2002；范昊明等，2004；杨文文等，2005；刘宪春等，2005；范昊明等，2005；李发鹏等，2006；张晓平等，2006）从不同角度做了深入的阐述，现将他们的成果总结如下，分析黑土区产生水土流失的原因。

（一）气候因素

东北黑土区气候因素对侵蚀的影响主要是通过降水（包括降雨和降

雪)、大风以及冻融作用体现出来。

黑土区属温带半湿润大陆季风性气候，年降水量在500~600毫米，7~9月降水占全年一半以上，并且多以暴雨形式出现，容易形成集中径流，产生强烈水蚀。同时，冬季积雪量大，春季融雪径流对解冻的黑土形成冲刷。

黑土区春季多风少雨，十年九春旱，每年有100多天风力在4级以上，且多集中在春季，同时春季地表裸露，干旱、大风和低植被覆盖为风蚀的发生创造了条件。

黑土区日温差、年温差较大，冻融交替明显、作用时间长。冻融侵蚀包括融雪径流侵蚀和沟壑冻融侵蚀，冻融侵蚀往往伴有重力侵蚀的发生。首先，冻融作用会改变土壤性质，使土壤容重减小，低容重和高含水条件导致土壤抗蚀性降低，因此春季融雪时土壤更加易于侵蚀。其次，由于温度周期性地发生正负变化，侵蚀沟冻土层中的地下冰、地下水不断发生相变和位移，使冻土层产生冻胀、融沉、流变等一系列的应力变形，并由此产生沟岸冻裂、沟岸融滑、沟壁融塌、沟坡融泻。

（二）地形地貌因素

黑土区的地形主要为山前波状起伏台地或漫岗地，因此黑土区的相对海拔高度在200米以下，坡度大多在5°以下，个别地方达到8°以上，黑土区最大的特点是坡长长，一般在500~2000米，个别地方达到4000米以上，这使黑土区的汇水面积很大，导致径流集中、冲刷力增强，从而产生水土流失。

（三）土壤因素

黑土区土壤对侵蚀的影响主要有以下两方面：

（1）成土母质的影响。黑土区土壤成土母质主要为沙砾、黄土状黏土。黑土母质的厚度可达10~40厘米，机械组成以粗粉沙和黏粒为主，质地较为黏重。由于黑土多发育在黏土层上部，母质层透水不良，在一定程度上阻碍了土壤水分的下渗。黑土成土母质的这种性质容易形成“上层滞水”现象，夏季降水集中和春季融雪时易产生地表径流，使土体遭到侵蚀。

（2）土壤自身性质的影响。黑土腐殖质层厚度一般在30~100厘米，有机质含量较高，一般为3%~6%；高者可达15%，孔隙度高，一般在69.7%左右，土质疏松，黑土自身抗蚀能力较差。

（四）植被因素

东北地区森林植被覆盖度相对较高，但是森林资源分布不均匀，主要分布在大、小兴安岭和长白山。在黑土区广阔的农田，特别是缓坡耕地的林草植被率很低，对黑土地的防护作用比较小，这使东北黑土区较高的森林植被覆盖不能充分发挥其抑制土壤侵蚀的作用。

（五）人为因素

东北黑土区的自然地理背景是黑土区发生严重土壤侵蚀的潜在因素，但如果没有人类不合理活动的过多介入，按照目前的自然地理条件，黑土区应该是以森林和森林草原环境为主（范昊明等，2004）。

黑土区不合理的土地利用主要有毁林开荒、陡坡开垦、只种不养、广种薄收、耕地的管理不够科学（以顺坡垄为主）、耕作制度不够合理以及不注重生态保护的掠夺性的开矿、挖沙、修路、砍伐林木、过度放牧等生产活动。另外，某些农业政策的失误也是造成水土流失加剧的主要原因。

第二节　研究区的选择

一、研究区选择

在侵蚀沟的发生风险评价模型研究中，本书选择黑土区北部地区乌裕尔河流域中上游地区和讷谟尔河流域所涉及的典型黑土地区作为研究区，书中称乌裕尔河、讷谟尔河流域，研究区地理坐标介于124°17′11″~127°39′88″E、47°3′53~49°14′05″N，面积达22536.2平方千米（见图2-2）。

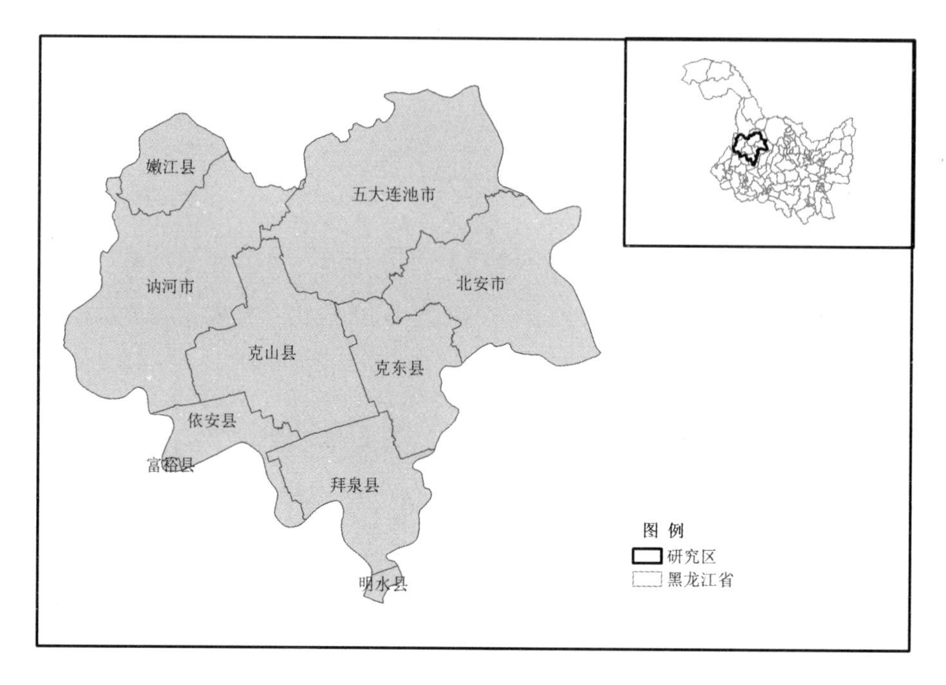

图 2-2　研究区范围及在黑土区中的位置示意图

选择上述的乌裕尔河、讷谟尔河流域作为研究区主要是考虑以下情况：

（1）处于典型黑土区北部冲洪积波状平原强度侵蚀区，研究该地区土壤侵蚀的发生发展规律，对于揭示整个东北黑土区的土壤侵蚀规律来说有一定的代表性。

（2）处于典型的漫川漫岗区，地形波状起伏，坡缓、坡长等特点显著，土壤侵蚀作用明显，侵蚀沟分布广泛。

（3）位于整个黑土区的最北端，相对于整个东北黑土区而言，开垦时间相对较晚，能够清楚地反映人类活动影响下的土地侵蚀过程。

（4）研究组在该区有过侵蚀沟的相关研究，使本书的研究具有较好的理论基础，同时在本书所需数据上具有保证。

（5）乌裕尔河流域下游的主要地貌类型为冲积平原，该区沼泽湿地遍布，基本上没有水蚀发生，因此不考虑在研究区内。

二、乌裕尔河、讷谟尔河流域概况

（一）自然概况

1. 位置与范围

研究区位于黑龙江省中部，北起五大连池市，南至明水县，东起北安市，西至富裕县，属东北漫川漫岗典型黑土区，是黑龙江省粮食主产区之一。研究区总面积2.25万平方千米，包含乌裕尔河中上游、讷谟尔河两个流域的黑土区。

2. 地形地貌

研究区位于小兴安岭西南麓，松嫩平原东北缘，是低山向平原的过渡地带，呈东北高西南低状态，属漫川漫岗区。从地质构造看，研究区位于新华夏构造体系第二沉降带松嫩凹陷东北部。研究区海拔高程为150~600米，其中研究区东北部海拔为200~500米，地势起伏较大，属丘陵区，西南部海拔为波状起伏平原。

3. 土壤

研究区地处东北黑土区典型黑土带，根据土壤普查结果，土壤主要分为黑土、黑钙土、草甸土、沼泽土、暗棕壤、火山灰土等土类。其中，黑土是主要耕作土壤，研究区大部分土壤为黑土；草甸土、沼泽土主要分布在研究区低洼湿地平原区。

研究区土壤类型水平分布属小兴安岭山前台地的黑土向平原黑钙土过渡地带，垂直分布大致由高到低分布着黑土、草甸土等。另外，在同一坡面黑土的分布也不相同，坡顶因受侵蚀严重为破皮黄黑土，坡中为中层或薄层黑土，坡底洼地为厚层黑土或草甸黑土。

4. 植被

研究区处于森林与草甸草原的交错地带，植被具有森林和草甸草原或草原化草甸相互交错分布的特点，在植物区系上属于蒙古植物分布区。由于垦殖历史较久，垦殖率高，原生植被大部分遭到破坏，现已衍生成次生草丛和灌丛植被，有丘陵植被、草原化草甸植被、草甸植被和沼泽化植被等植被类型。乔木主要有山杨、白桦、蒙古栎、椴树、榆树等；灌木有榛子、胡枝子、灌木柳等；草本植物主要有羊草、青蒿、委陵菜、三棱草、寸草苔、贝加尔针茅、多叶隐子草、西伯利亚羽茅、线叶菊、防风、黄芩、柴胡、地榆、野火球、裂叶蒿、山野豌豆、沙参、蓬子菜、歪头菜等。

5. 水系

研究区内主要河流有乌裕尔河、讷谟尔河、双阳河、老莱河和润津河等。其中，乌裕尔河发源于小兴安岭西侧，全长587千米，是黑龙江省最大的一条内陆河，也是中国第二大内流河，在齐齐哈尔市以东、林甸县西北的大片苇甸、湿地消失，属无尾河；讷谟尔河全长588千米，是嫩江左侧的一大支流，发源于小兴安岭西麓北安市双龙泉附近，自源地从东南向西北穿过讷谟尔山口后转向南，流经北安市、五大连池市、克山县，于讷河市西南约40千米处注入嫩江；双阳河全长89千米，发源于拜泉县南部新生乡境内，在林甸县西部低洼沼泽地消失，与乌裕尔河形成闭流区，属乌裕尔河流域“内陆河”；老莱河全长115千米，为嫩江东岸二级支流，发源于嫩江县南部的东吐沫山，自北向南，流经嫩江县境内的跃进农场、伊拉哈镇，而后进入讷河市境，经老莱镇南流至讷河镇东注入讷谟尔河。

6. 气候水文

研究区地处中高纬度，欧亚大陆东部，属大陆性季风气候，寒暑变化明显。四季气候特点是：春季干旱多风；夏季短促炎热，降水集中；秋季低温霜冻较早，降温急剧；冬季漫长严寒。研究区年均气温在0.2℃~1.5℃，年均最高气温在3.3℃左右，年均最低气温在-0.7℃左右。最冷为1月，多年平均气温在-22.6℃左右，极端最低气温为-42.2℃；最热为7月，多年平均气温在21.8℃左右，极端最高气温为37.8℃。年均风速为3.6米/秒，东北部相对西南部风速小，4月、5月多大风天气，以西南和西北风为主。年降水量在550~600毫米，主要集中在7月、8月、9月三个月，年均径流深75毫米左右。

（二）社会经济概况

研究区主要涉及嫩江、讷河、五大连池、北安、克山、克东、拜泉、明水、依安等县（市）。研究区涉及人口 424.90 万人，其中农业人口 296.90 万人，农业劳动力 104.76 万人。农业人均纯收入为 2724.22 元，人均产值 5498.33 元，人均农业产值 2558.22 元，粮食单产 2.72 吨/公顷，人均耕地面积 0.39 公顷。

第三节　研究区土壤侵蚀数据库构建

一、空间数据库的构建原则

（1）尽量减小存储冗余。

（2）可变的数据结构。

（3）对数据及时访问，高效查询。

（4）能维持空间数据的复杂联系。

（5）支持多种决策的需要，适应性强。

二、空间数据库的结构

结构设计是数据库总体框架结构的核心部分，它决定数据库运行的效率和稳定性。本书所涉及的数据量大、数据类型多样、格式各异，只有对数据库进行科学规划和设计后，才能保证本书的研究在规范化和高效化的状态下进行。根据研究过程数据需求、分析以及最终结果数据，建立了本书的数据库系统（见图 2-3）。

三、空间数据库的建立

（一）软硬件的配置

（1）硬件环境：计算机的硬件配置为 3.2×2GHz CPU/1.5GB 内存/160GB 硬盘/512MB 显卡。除此之外，还包括扫描仪、打印机、不间断电

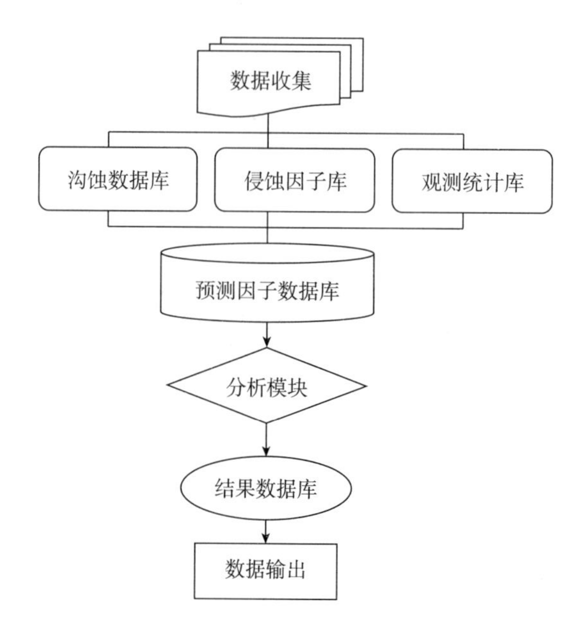

图 2-3 研究区土壤侵蚀数据库系统

源、备份硬盘等。

（2）软件系统主要包括：①美国 ESRI（Environmental System Research Institute）公司的地理信息产品 ArcGIS、Arc/info9. x 工作站版，具有强大的空间数据输入、编辑处理、空间分析和表达功能，在本书的数据分析中处于核心地位。另外，ArcView GIS 3. x 具有良好的用户界面，主要用于数据的输入、编辑、空间分析及图形、图像的显示。②ENVI4. 5、ERDAS IMAGINE 9. 1 版，用于处理地形图和遥感影像数据；Photoshop 用于处理图片数据。③SPSS13、Excel 主要进行数据管理和统计分析工作。

（二）气候数据的来源

气候统计数据主要指由气象站长年累月按照行业规范获得的观测资料。选取研究区内和周围所有可获得的气象站点的观测统计数据（见图 2-4），记录各个站点相应的地理坐标、海拔高度，以及最冷月平均温度和极端降雨事件。这些数据按照年份组织成表单形式，其记录格式如表 2-1 所示。对于所获得的降雨资料，将记录的表格根据经纬度坐标，将每个站点的位置坐落在 Albers 投影下的地理位置，以便于以后的使用。

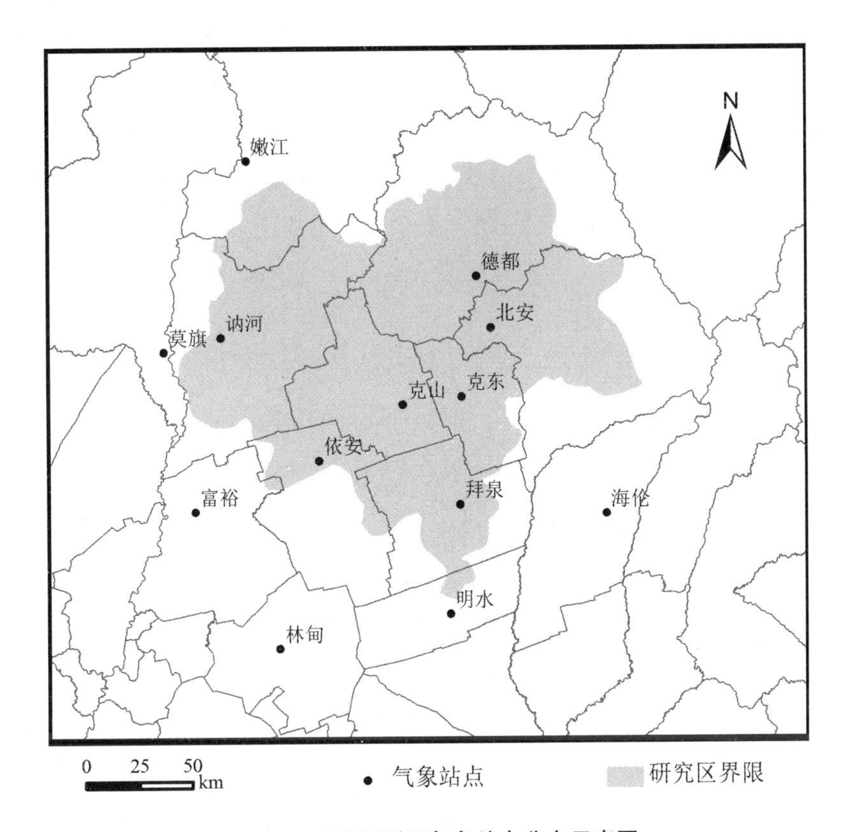

图 2-4　研究区附近气象站点分布示意图

表 2-1　气象数据组织格式

站点编号	站点名称	建站年份	经度	纬度	海拔高度	年份	1 月	2 月	……	12 月	极端降雨	全年

（三）数字地形模型的建立

建立 DEM 的方法有多种，从数据源及采集方式上看有：①直接从地面测量，例如用 GPS、全站仪、野外测量等。②根据航空或航天影像，通过摄影测量途径获取，例如立体坐标仪观测及空三加密法、解析测图仪采集法、数字摄影测量自动化方法等。③ 从现有地形图上采集，例如格网读点法、数字化仪手扶跟踪及扫描仪半自动采集法等。由于第一种方法需到实地量测大量的高程，基本上只用于内插 DEM 的检测和其他用途。第二种和第三种方法在测绘生产上经常采用，其中航测法主要用于大中比例尺较小间距的高精度 DEM 制作，第三种方法可应用于基于各种比例尺的地形图，特别是中小比例尺地形图（比例尺 1∶50000 或更小）的 DEM 的制作（王建宇等，2002）。

基于数字地形图，通过插值建立规则网格的 DEM，是迄今为止最为成熟和经济实用的 DEM 建立方法。常见插值方法有两种：一是不规则三角网（TIN）方法，即基于数字地形图，通过多层高程信息构建 TIN，再将 TIN 插值得到规则网格的 DEM。二是国外比较流行的 ANUDEM 方法，即利用等高线、高程点、河流等基本地形信息，通过插值生成 DEM（Hutchinson，2004，2006）。基于 TIN 建立的 DEM 始终存在一些平顶现象，其上提取的河流不完全连续，多处出现多重线条河流，因而不能如实地反映地形起伏的细部特征，而基于 ANUDEM 建立的 DEM，其派生等高线的形状与输入等高线吻合较好，可全部或部分清除地形伪下陷点，合理表现地表高程的连续与突变，强调坡向转折（流域边界线和沟底线），保证流水线的连续性和流域边界的准确等，被称为是一种水文地貌关系正确（Hydrologically Correct）的 DEM 建立方法（杨勤科等，2006a）。

因此，本书采用 ANUDEM 方法生成 DEM，建立 DEM 过程中使用的等高线、高程点、河流等基本地形信息主要来源于 1∶50000 地形图，为保证建立 DEM 提取的各种地形参数能够较为真实地反映地表真实状况，根据相关研究（王建宇等，2002；杨勤科等，2006b；易卫华等，2007），DEM 栅格分辨率取为 10 米×10 米，在此分辨率下保证地形结构与实际地形差距较小，生成了研究区的 DEM 图。

（四）MODIS 数据的获取

MODIS（Moderate Resolution Imaging Spectroradiometer）是搭载在

TERRA 和 AQUA 卫星上的传感器。这两颗卫星分别于 1999 年 12 月 18 日和 2002 年 5 月 4 日发射成功并向地面发送数据。该传感器是 EOS（Earth Observation System）系列卫星中进行全球变化研究的主要探测仪器，具有很高的时间分辨率，每 1~2 天将提供地球上每一点的白天可见光和白天/夜间红外图像。MODIS 传感器是 EOS 系列卫星中的主要信息数据获取设备，它是特别设计来研究与预测全球尺度下自然及人为所造成的地球变化的仪器，它获取的数据也是唯一由 NASA 提供免费广播服务的一种数据。MODIS 是当前世界上新一代“图谱合一”的光学遥感仪器，具有 36 个光谱通道，分布在 0.4~14 微米的电磁波谱范围内，其中 1~19 和 26 通道为可见光和近红外通道，其余 16 个通道均为热红外通道。

本书中主要用 1 千米分辨率 8 天合成的 MOD15A2 叶面积指数（LAI）数据，以及逐年合成的 MOD17A3 的 1 千米分辨率的全球陆地植被净第一性生产力（NPP）数据，其中 NPP 采用 2003~2006 年逐年数据。所有数据可以在 http：//modis. gsfc. nasa. gov/gallery/免费下载得到。

（五）土壤数据库的建立

首先扫描研究区土壤图，然后进行几何纠正，使其带有投影信息和坐标信息，再将土壤图输入到 ArcGIS 中，在栅格底图上进行数字化，每画完一条线，均需与底图仔细对照并进行图形检查和修改如多线、少线、多点、少点和多边形不闭合等错误。

将数字化过的图层输入到 Arc/info 中，进行拓扑错误检查，Arc/info 有严格的拓扑关系，出现错误就要修改，就一定要重建拓扑关系，因此拓扑关系的建立与编辑修改是交互进行的工作，要反复进行，直至无误为止，生成研究区的土壤矢量图。

由于研究区当前只有 1∶100 万的全国第二次土壤图，因此只获取到了整个乌裕尔河、讷谟尔河流域以亚类为成图单元的土壤图。

土壤图斑矢量化后，根据土壤类型图和土壤志，将土壤属性数据与土壤图通过土壤类型标识码（ID）连接，生成土壤类型、有机质及土壤可蚀性 K 值分布图。

另外，考虑到1∶100万土壤数据比例尺太小，在详细反映某些土壤信息的物理化学性质上不够详细，利用研究区各县的土种志、黑龙江土种志、黑龙江土壤志、中国科学院南京土壤研究所土壤分中心、中国土壤数据库、国家科技基础条件平台建设项目，整理其中描述的各种土种的位置、物理化学性质，保存到Excel表中，然后根据其位置特征，将其与1∶100万土壤数据进行整合，由此提高了土壤数据库的精度。

（六）土地利用信息获取

本书采用的土地利用数据主要以1954年中国人民解放军总参测绘局编制的第一代1∶10万地形图、1975年的Landsat/MSS影像、2000年和2005年的Landsat/TM影像为主要基础数据源。土地利用数据的主要获取过程如下：进行图像纠正，运用的主要原理是利用GCP数据对原始遥感影像的几何畸变过程进行数学模拟，建立原始畸变图像与地理校正空间的数学对应关系，并利用对应关系完成图像像元的空间变换（Dvid Martin et al.，1993）。具体操作过程为，应用MGE（Modular GIS Environment）软件，对地形图、MSS影像以及Landsat/TM影像按4、3、2波段合成标准假彩色影像进行几何精校正，校正过程控制点尽量均匀分布，并使控制点组所具有的坐标变换误差均小于0.5个像元，然后采用最近邻法完成图像的重采样，完成卫星影像的几何精校正。对纠正好的影像，在专家知识参与下，根据影像光谱特征，结合野外实测资料，同时参照有关地理图件，对地物的几何形状、颜色特征、纹理特征和空间分布情况进行分析，建立统一的判读标志，在ArcGIS软件环境下进行人机交互判读解译，最终形成土地利用/覆被数据。根据提取的土地利用信息，参考国内外全球变化（包括LUCC）研究中土地利用分类体系，结合研究目的、数据源的特点和研究区状况，制定了耕地、林地、草地、水域、建设用地、未利用地6个一级类及19个二级类的土地利用分类体系。

（七）其他专题信息提取

其他专题信息包括侵蚀沟数据，将在第三章进行详细介绍。另外，研究中用到的水系图、道路图、居民点分布图都来源于1∶50000地形图数据。

（八）数据集成

对上述各种不同来源数据进行分层、分类编辑入库，建立拓扑关系，并对各专题图层建立相应的属性表，填入属性值。矢量数据和栅格数据分别用 Arc/info Coverage 格式和 Grid 格式进行组织和管理。

另外，不同来源、不同性质的数据源其空间基底是不同的，这必然会影响空间叠加与模型分析，因此，必须选择统一的坐标系和投影方式。考虑到研究区跨度较大，为了使不同地区的数据具有可比性，书中采用北京 1954 坐标系，地图投影为正轴等面积双标准纬线割圆锥投影（Albers），其具体参数如下：

1. 坐标系参数

坐标系：北京 1954 大地坐标

椭球体：Krasovsky，参数为：a = 6378245. 000000m，b = 6356863. 0188m

2. 投影参数

投影名称：Albers 正轴等面积双标准纬线割圆锥投影

第一标准纬线：25°0′0″N

第二标准纬线：47°0′0″N

中央经线：105°0′0″E

坐标原点纬度：0°

纬向偏移：0. 000000

经向偏移：0. 000000

投影比例尺：1 ∶ 1

统一的空间度量单位：m

第 三 章

研究区侵蚀沟信息提取及模型构建分区

第一节　侵蚀沟信息的提取

一、遥感数据源选择

本书主要是利用遥感影像来研究当前侵蚀沟的分布状态，考虑到各种影像的侵蚀沟识别能力以及性价比，选择使用 SPOT5 全色和多光谱融合的 2.5 米的模拟真彩色影像作为数据源（见图 3-1）。融合主要是用 XS1 波段代替蓝色；绿色用（XS1+XS2+XS3）/3 波段算法来实现；红色用 XS2 表示，在 ERDAS 软件中进行波段合成，生成分辨率为 10 米的模拟真彩色影像（Vanina，2005），最后将该影像与分辨率 2.5 米的全色波段融合，得到分辨率为 2.5 米的模拟真彩色影像。而在时相方面一般要求使用 2005 年度以后的遥感数据为主要信息源，无法覆盖区域可以适当放宽年度限制，补充采用 2004 年的遥感数据。在季相方面，注意研究区域内遥感信息获取瞬时的质量（如含云量度<10%等技术指标），选取的影像主要为 4~10 份的影像。

二、侵蚀沟研究对象界定

本书主要研究的侵蚀沟是能从 SPOT 影像清楚判别出来的切沟和冲沟。首先对于细沟，其深度不超过耕层，经耕作平复后不留痕迹，由于受遥感影像分辨率的影响，无法识别出细沟；而对于浅沟，虽然在 SPOT 影像上可以判别出来，但是由于黑土区浅沟宽度不大，平均在 1 米以下，沟床浅平，沟深平均在 0.3 米以下（胡刚，2006；张永光，2006），无明显沟缘，容易与集水线混淆，这使判别其特征具有一定的难度，不是研究的重点。另外，河沟（主要包括常年性河和季节性河）也不是本书的研究对象。对于林

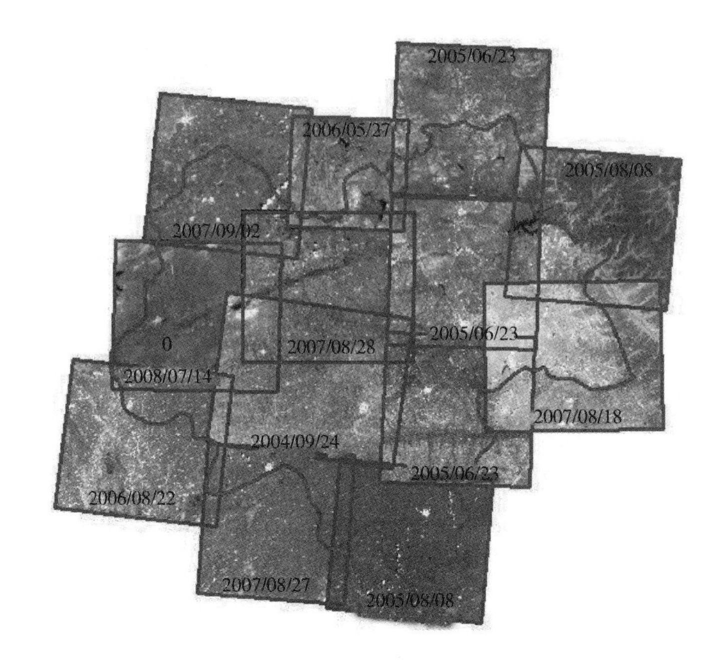

图 3-1　研究区 SPOT 影像图

地中的侵蚀沟，由于林地中植被覆盖较高，SPOT 影像没有穿透能力，因此无法依靠其获取林地中的侵蚀沟，这也不是本书的研究对象。

本书主要研究生长发育在耕地当中具有巨大危害的切沟和冲沟，这些切沟和冲沟长度通常从几十米到上百米，甚至延伸数百米，沟宽从几米至几十米，两者横断面呈“V”形或展宽的“V”形，也就是“U”形，沟道切入农田内部，破坏了田块的完整性。沟谷和坡面之间具有极明显的沟缘线，它以突变的坡折将沟谷地和岗坡地两大基本的侵蚀单元区分开来，在地表坡度、侵蚀形态、方式、强度、土地利用、土壤性质、植被覆盖等方面都存在根本差别，这些沟的存在严重地影响了粮食生产，带来巨大危害。

三、侵蚀沟野外调查及解译标志的建立

（一）侵蚀沟外业调查

为了深入、详细地了解研究区侵蚀沟的发育发展状况，研究组于 2008

年8月19~28日对乌裕尔河流域的侵蚀沟进行了为期10天的野外调查，2009年6月8~17日对讷谟尔河流域进行了为期10天的调查，外业工作前首先对研究区参照影像进行了初步预判，发现存在的疑点、难点等不确定的问题，针对这些问题，合理选择路线，分配任务，力争详尽、完善、准确地了解研究区的侵蚀沟状况。

外业调查的内容主要包括侵蚀沟主要分布区的自然地理环境和人文状况，主要土壤类型、岩性、土地利用状况，以及侵蚀沟的沟深、沟宽、沟长、沟内主要沉积物和植被生长状况，以便于日后侵蚀沟研究的深入和建立正确的解译标志。野外调查路线主要是以乌裕尔河、讷谟尔河流域侵蚀严重区为基本调查单元，对乌裕尔河流域下游县市也进行了调查，但是由于下游侵蚀沟较少，采集到的点较少，调查过程进行合理的调查路线设计，将不同类型侵蚀沟进行有效涵盖，通过拍照、录像、测量以及询问当地水保工作者和知情者等手段，了解侵蚀沟分布、发育等知识，同时建立侵蚀沟解译标志。图3-2为侵蚀沟野外调查点分布示意图。

（二）侵蚀沟解译标志的建立

野外工作结束后，回到室内，根据野外调查记录、照片、录像等信息，结合现有遥感影像，建立了不同类型侵蚀沟SPOT5影像上的解译标志（见表3-1）。

表3-1 SPOT5模拟真彩色影像上侵蚀沟的解译标志

地理位置	影像特征描述	影像	照片
拜泉县上升乡（126.13°E，47.62°N）	沟宽大于30米的特大型发展沟，沟槽不断下切，深入下部黄土母质层，处于侵蚀沟发育的壮年期阶段，沟坡呈现“V”字形，沟底无稳定沉积物，为裸土覆盖，植被覆盖度通常在10%以下，在SPOT5真彩色影像上为亮白色，与周围的耕地对比鲜明		

续表

地理位置	影像特征描述	影像	照片
嫩江县新化村（125.03°E，48.83°N）	沟宽在10~30米的大型发展沟，处于侵蚀沟发育的壮年期阶段特征如特大型发展沟，处于中年期阶段的沟尾沟槽下切变慢，沟壁开始拓宽，沟底为“U”形，沟头为“V”形，沟底堆积了少量含有机质的沉积物，可以生长当年生植物，但植被稀疏，覆盖度一般为10%~30%，在SPOT5影像上呈浅绿色，部分沟段略显白色	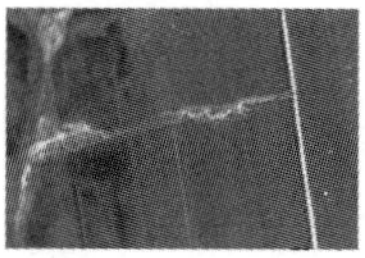	
克山县大架子屯（125.61°E，48.28°N）	沟宽为5~10米的穿越公路的中型发展沟，宽度较小，沟缘线明显，沟底堆积了少量含有机质的沉积物，可以生长当年生植物，但植被稀疏，覆盖度一般为10%~30%，在SPOT5影像上呈浅绿色，部分沟段略显白色	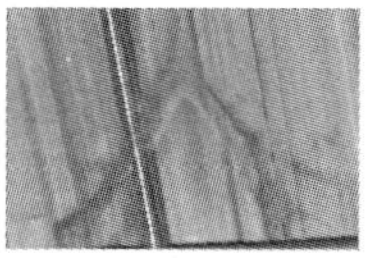	
克东县金城乡（126.17°E，48.03°N）	沟宽小于5米的小型发展沟，细条状，淡绿色，发暗，沟缘线不明显，质地均匀，生长当年生植被，在SPOT5影像上呈现浅绿色，可略微识别出亮白色	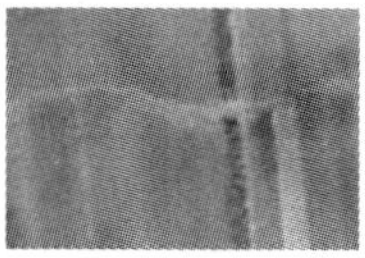	
明水县通泉乡（125.97°E，47.37°N）	稳定沟，下切停止，纵剖面接近均衡剖面，沟谷地形相对比较开阔，进入老年期阶段，从坡面冲刷下来的黑土有机质在沟底大量沉积下来，沟底及沟壁均有大量植物生长，出现灌木、小乔木或人工林，植被覆盖度大于30%，在SPOT5影像上为鲜绿色		

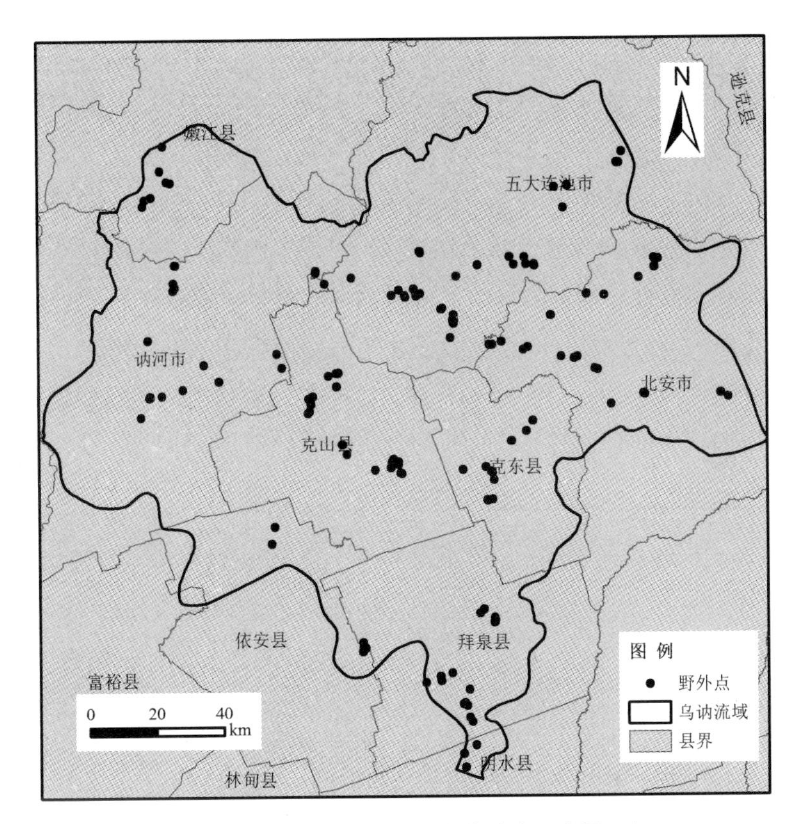

图 3-2　侵蚀沟野外调查点分布示意图

（三）野外验证与补判

侵蚀沟室内详细判读获取结果需要进行野外验证，以检验目视解译的质量和解译精度。同时，对于详细判读中出现的疑难点、难以判读的地方则需要在野外验证过程中进行补充判读。

野外验证是指再次到遥感影像判读区去实地核实影像解译的结果。野外验证的主要内容包括检验侵蚀沟解译内容是否正确，包括沟长、沟宽、类型、吞食耕地面积。检验方法是将解译图斑对应的侵蚀沟与实地的侵蚀沟进行对照，检查解译是否准确。由于侵蚀沟数量多，一般采取分层随机抽样按比例配置的方法进行野外验证。具体方法如下：

（1）确定侵蚀沟验证的总数量。基于专家经验和相关知识确定以侵蚀沟总数的 5%左右作为侵蚀沟验证数。

（2）分层确定抽样数量。以项目涉及县市为基本单元，获得各县市内侵蚀沟数量，随机抽取该县市靠近公路、具有代表性5%左右的侵蚀沟进行验证。

（3）疑难问题补判。补判是对室内目视判读中遗留的疑难问题的再次解译。对于当前室内详细判读存在的疑难问题，再次到野外进行实际调查，确定相关属性，根据野外验证情况，对疑难问题再次解译、校正。

根据第一次野外调查时克东县侵蚀沟方面的工作基础，考虑到时间因素，研究组于2008年11月12~18日到典型县克东县进行了野外验证与补判工作。图3-3所示为野外验证与补判点的分布示意图。

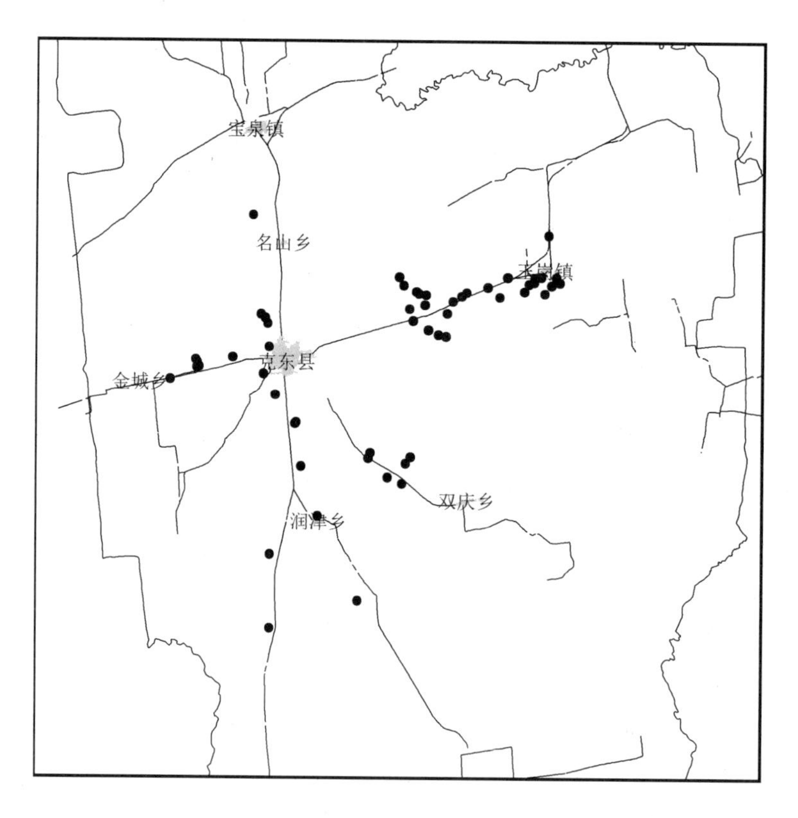

图3-3　克东县侵蚀沟野外验证点分布示意图

本次野外验证和补判工作采用实地验证与调查询问相结合的方式，由于侵蚀沟数量巨大，首先根据室内侵蚀沟解译结果选择典型沟布设验证点，到实地验证，对于无法走到的地方，到克东县水务局询问相关工作人员以及察看当地水保资料进行验证。该次侵蚀沟野外验证与补判效果较理想，为室内侵蚀沟的进一步修改、补判以及最终成图提供了良好的工作基础。

四、侵蚀沟信息提取

本书经过野外调查、解译标志建立以及野外验证等工作，根据野外验证情况和对疑难问题的解答，回到室内对侵蚀沟进行补判、修改错误等工作，最终获取了乌裕尔河、讷谟尔河流域侵蚀沟分布示意图（见图 3-4）。同时，借助 Arc/info 提供的 AML 宏语言功能，采用线插值的思想，运用窗口移动法（闫业超，2005），首先计算单位圆形区域内的侵蚀沟总面积，将该值赋给单位圆的中心点，然后逐步移动圆形窗口，得到研究区侵蚀沟密度分布示意图（见图 3-5）。

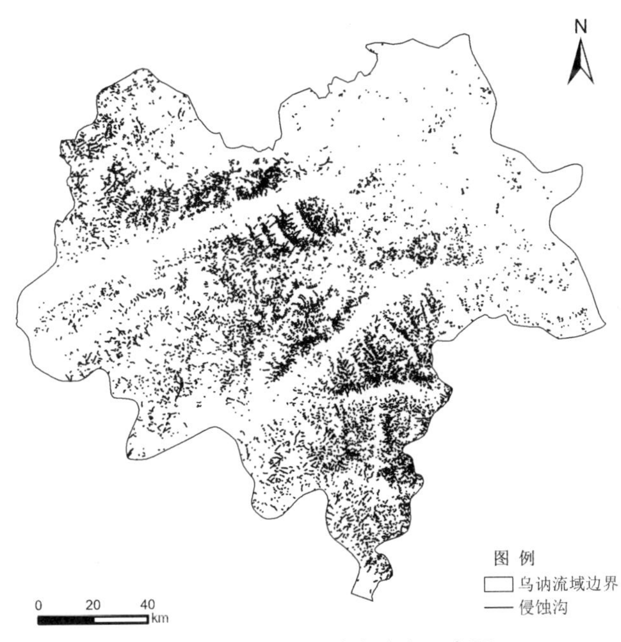

图 3-4　研究区侵蚀沟分布示意图

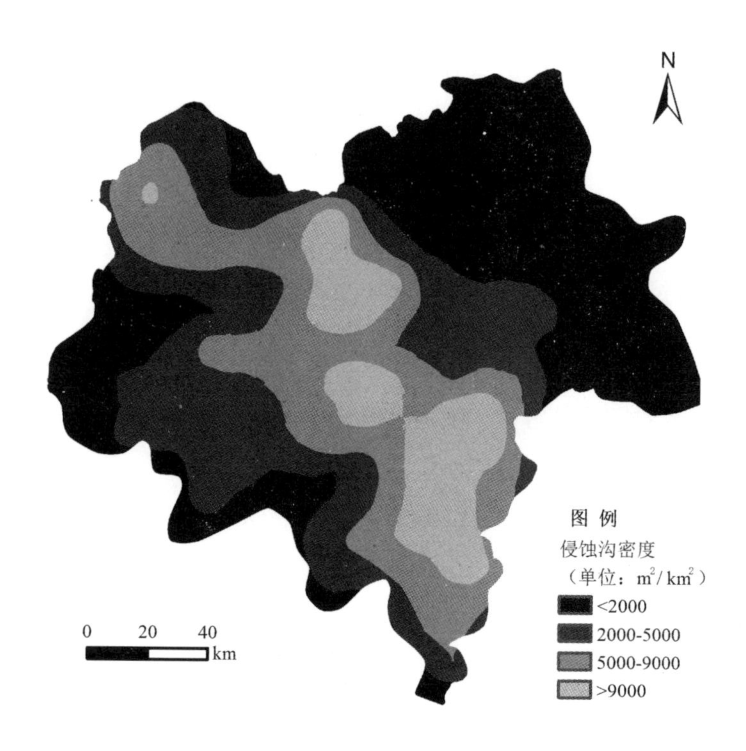

图 3-5 研究区侵蚀沟密度分布示意图

需要指出的是，本书用到的侵蚀沟密度是单位面积上的面积，而水利部土壤侵蚀分级标准（2006）中提到的侵蚀沟密度是单位面积上的长度，本书采用单位面积上的面积作为沟谷密度衡量指标，主要是考虑这样能更好地衡量地面的破碎程度以及侵蚀沟破坏的严重性，例如很多侵蚀沟虽然长度不大，但是其侵蚀宽度很大，也就是说吞食耕地的面积很大，而有的侵蚀沟虽然很长，但是其宽度很窄，并不如长度不大、侵蚀宽度很大的侵蚀沟带来的破坏严重，因此，采用单位面积上的面积作为沟谷密度衡量指标能更好地反映问题。

从图 3-5 中可知，研究区沟壑密度在 0~23134 平方米/平方千米，侵蚀沟主要是分布在坡度较大，而植被覆盖少的地区。首先，整个研究区主要的侵蚀地区在乌裕尔河中上游地区以及讷谟尔河的下游地区，而这些地区中尤其以拜泉西北部、克东中部、克山中部、五大连池西部、讷河北部以及嫩江地区最为严重，沟壑密度达10000平方米/平方千米以上，同时以这些地区的高值区为中心向两侧扩展，其余地区的沟壑密度分布不大，都在1000平方米/平方千米以下，属于侵蚀微弱地区。根据水利部土壤侵蚀分级标准（2006），就沟蚀强度来说，当前没有给出面状侵蚀沟密度的危害分类标准，尤其对于东北黑土区的标准更是没有，因此东北黑土区应该尽快制定能够体现其区域特色的沟蚀评价标准。从实地考察来说，黑土区的侵蚀沟密度就数量上来说虽然不大，但是就其造成的危害来说却非常大，制定相关的侵蚀分类分级标准对于侵蚀沟的防治具有重要的意义。

第二节　研究区模型构建分区

东北黑土区地域辽阔，自然地理环境以及社会经济条件存在差异性，土壤侵蚀过程、强弱等也迥然不同。因此，本书借鉴区划的相关原则、理论和基础，建立区划指标，对于乌裕尔河、讷谟尔河流域黑土区进行分区，从宏观上全面、系统地掌握该区的侵蚀特点，从中找出相对一致的单元，为科学、合理、准确地进行侵蚀沟模型的构建和预测提供基础。

一、分区原则

（1）一致性原则，包括自然、社会经济条件，土壤侵蚀类型、强度，土地利用方式的一致性。

（2）区域共轭原则，简单地说就是区域之间的互相排斥，与区域内部的一致性呼应，区域之间存在一定的差异，且不存在既属于某一区划分区又属于另一区划分区的情况。

（3）主导因子原则，根据影响土壤侵蚀类型、强度的主导自然、人为因子进行分区。

（4）实用性原则，紧密结合水土保持实践，对指导水土流失分区治理、制定水土保持规划有较强的实用性。

（5）区域完整性，由于自然地理单元的不连续性，分区不强调地域连续性，但必须保证局部地域的完整性。

二、分区系统的指标体系

土壤侵蚀区域分异是在自然和人为因素的作用下形成的。该区从侵蚀营力上来说都处于水蚀区，因此可以不考虑风蚀和冻融侵蚀的影响；从土壤方面来说，由于选择的是典型黑土区，土壤因素对于侵蚀的影响可以认为是一致的；而该区的主要植被类型是以黑龙江境内的松花江为界的北部的春小麦、大豆，南部的杂粮田，在植被类型上也相对简单；另外，该区土质肥沃，70%以上的区域都已开垦为耕地，土地利用类型相对单一，对分区影响不大。分析上述特点后，结合影响侵蚀的主要因素，本书在乌裕尔河、讷谟尔河流域黑土区的分区中选用的主要指标为干燥度、地貌类型以及土壤侵蚀强度。

（一）干燥度的获取

干燥度指数是表征一个地区干湿程度的指标（孟猛等，2004；杜国明，2008），是一个地区在一定时期内总潜在蒸散量与总降水量的比值。干燥度在地理、生态、气象等领域具有广泛的应用，尤其在气候分析和区划方面更具重要意义。比较有代表性的干燥度模型有 Penman、Thomthwaite、Holdridge、De Martonne、积温干燥度模型和辐射干燥度模型等。然而由于各种干燥度模型的研究对象和目的不同，因此诸多数据只能用于比较狭小的领域，客观上造成了各种干燥模型间的隔离，致使干燥度资料缺乏必要的参照性。显然，不同干燥度模型间的相关性分析具有现实意义。而经张宝堃修改的谢良尼诺夫经验公式，即积温干燥度公式，是针对我国实际情况的，具有很强的实用性，且我国大量的气候资料及有关论著、研究报告大都是在张宝堃公式体系下进行的（陈健伟等，1996）。此外，积温干燥度公式将降雨量与温度考虑在一起，而温度与蒸发又密切相关，因此是同时考虑了水分收支的指标。因此，本书选用积温干燥度作为研究基础。积温干燥度公式为：

$$A = 0.16 \sum t / \sum r$$

式中，A 为积温干燥度指数；t 为空气温度；$\sum$ t 为≥10℃期间的积温量；r 为降水量；$\sum$ r 为≥10℃期间降水总量。

本书利用≥10℃期间的积温量和≥10℃期间降水总量，获取了研究区的干燥度示意图（见图 3-6）。该区干燥度在 0.83～1，根据张家诚等（1985）对于干燥度的分级状况可知，研究区完全位于湿润地区，而从图 3-7 中可以看出，湿润度相差不大。

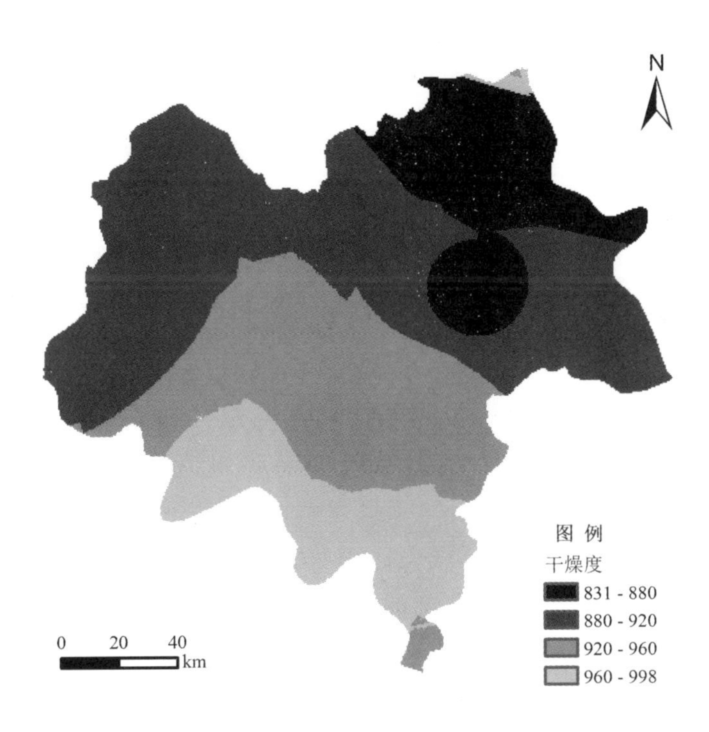

图 3-6 研究区干燥度示意图

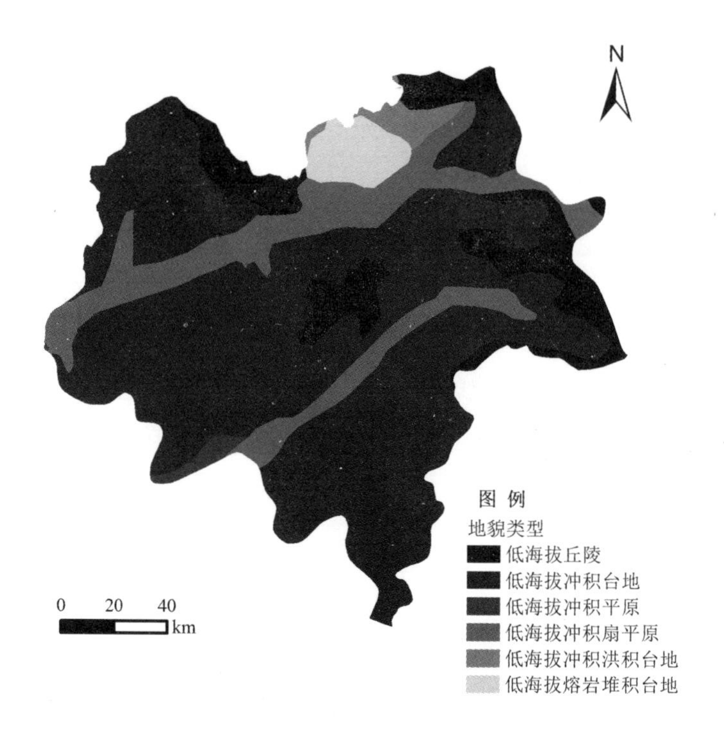

图 3-7 研究区地貌示意图

（二）地貌类型的获取

土壤侵蚀的强弱受地形地貌的影响，东北黑土区从大的地貌类型来说属于冲积平原、湖积平原、湖积冲积平原、洪积冲积平原（见图 3-7）。而本书中利用 1∶100 万地貌类型作为参考研究图，研究区主要的地貌类型是低海拔冲积台地，主要的特征是漫川漫岗，这种地形特征对于侵蚀产生具有重要作用。

（三）土壤侵蚀强度

本书用到的土壤侵蚀程度示意图（见图 3-8）为 2001 年水利部进行的第三次全国土壤侵蚀遥感调查数据，该数据以 TM 影像为主，结合地形图、土壤图、地质图等相关资料，在计算机上通过对植被覆盖度、植被结构、地表组成物质、海拔高度、坡度、地貌类型、土地利用等间接指标的人工综合分析，以 GIS 为载体，采用人机交互的判读分析方法，将长期积累的先验知识引入调查之中，获取土壤侵蚀信息。从图 3-8 中可以看出，研究区东北部为微度侵蚀区，其余部分为轻度和中度侵蚀区。

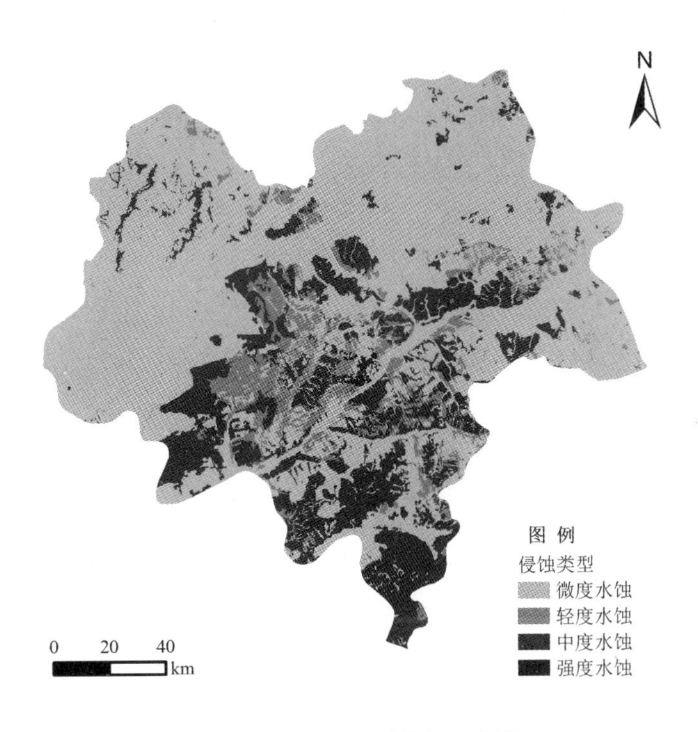

图 3-8　研究区侵蚀等级示意图

由于第三次土壤普查以 TM 影像为主，无法获取侵蚀沟信息，另外，其调查时间为 2001 年，对于当前的土壤侵蚀状态并不能完全衡量，本书将解译获取的侵蚀沟分布示意图（见图 3-4）加入，作为衡量当前研究区侵蚀状况的另一指标。

三、土壤侵蚀的区划方法

区划的方法包括很多种，大体可分为定性方法和定量方法以及定性与定量相结合的方法，定性的方法主要包括传统的顺序法、合并法、主导因子法等，近年来，随着计算机技术和数学模型的发展，主要包括模糊聚类方法（张汉雄，1990）、系统聚类方法（李世东，2004）、GIS 法（林涓涓等，2005）、综合集成法（刘传明等，2007）等。有些学者更倾向于单纯的定量化方法，这种方法虽然可以避免主观随意性，但是基于模型的区划结果与实际情况存在一定偏差，限制了区划结果在实际中的应用。因此，本书采用专家经验判别与地球信息技术相结合的方法，充分发挥定性与定量方法的优势。

首先，运用地理信息系统空间分析技术，将干燥度、地貌因子以及土壤侵蚀强度示意图进行叠加，以现有土壤侵蚀状况图为主，结合地貌分区和干燥图，依据相关地理知识，初步确定分区方案。其次，利用研究区植被类型图、土壤图、土地利用图、小流域图对其进行修订，完成模型构建所需分区。

四、分区系统

根据上述区划指标和方法，本书将研究区分为两个侵蚀环境区（见图 3-9），分区命名采用地理方位（地名、江河或山脉）+地貌类型+侵蚀强度等级。经过分区后，各区的地貌、气候等影响侵蚀的自然条件相对一致，在此指导下可以从宏观上把握该区的土壤侵蚀特点，力图找到在侵蚀沟发育发展上具有相同自然地理特征的单元，为黑土区侵蚀沟分布模型的构建加强指示，增加了东北黑土区的侵蚀沟风险评估模型构建的准确性（见表 3-2）。

表 3-2　乌裕尔河、讷谟尔河流域黑土区统计结果

编号	区划名称	总面积（km^2）
Ⅰ	乌裕尔河、讷谟尔河流域西南部低海拔冲积台地中度侵蚀区	17352. 8
Ⅱ	乌裕尔河、讷谟尔河流域东北部低海拔丘陵轻度侵蚀区	5183. 4

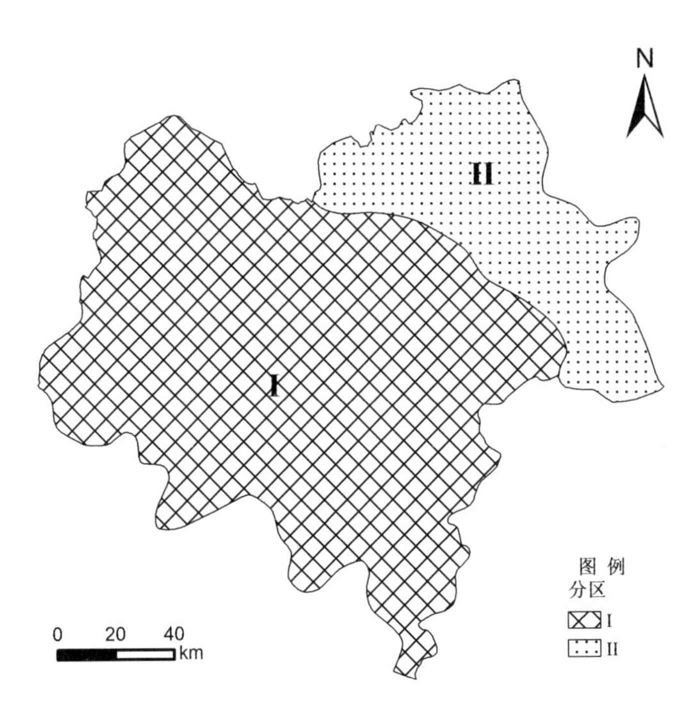

图 3-9　乌裕尔河、讷谟尔河流域分区示意图

第四章

研究区沟蚀现状及其与景观格局的关系

第一节　数据源及研究方法

水土流失及其导致的土地退化是生态环境恶化的重要原因之一（史志华等，2002），水土流失是我国的头号环境问题（李运学等，2002）。我国重要商品粮基地——中国东北黑土区，近年来正面临着水土流失的严峻考验，东北黑土区正在逐渐丧失作为商品粮基地的“黑土”基础，黑土的侵蚀退化问题得到了政府、科学家甚至农民的普遍重视（刘晓昱等，2005）。自20世纪90年代以来，研究者对于东北黑土区的侵蚀问题相继开展了一系列的研究（张宪奎等，1992；闫百兴等，2005；方华军等，2005；张晓平等，2006；范昊明等，2005），但是他们的研究集中于坡面侵蚀方面，目前对于沟蚀的研究相对较少，当前黑土区沟蚀研究主要是利用GPS野外采集数据针对几条到几十条侵蚀沟进行3~5年的监测，获取侵蚀沟的相关形状参数进行相关研究（胡刚等，2004；胡刚等，2007；Yongguang Zhang et al.，2007；Yongqiu Wu，2008），对于较大时空尺度上的侵蚀沟的研究相对较少。沟蚀是重要的土地退化过程和侵蚀产沙源，Poesen等（2003）通过对全球不同地区的沟蚀产沙量进行总结得出侵蚀沟的产沙量可占流域总产沙量的10%~94%，其产生的场内和场外危害巨大，合理、有效地防治沟蚀，对于东北黑土区的粮食生产具有重要意义。

近年来，生态学和水土保持学的发展已经形成了互动的关系，特别是将景观生态学的观点或方法用于土壤侵蚀研究是近来水土保持学研究的一个新趋势（史志华，2003）。土地利用/覆被变化是导致景观格局变化的重要因素，土地利用结构与水土流失关系密切，景观内的不同土地利用及其格局均深刻影响径流的产生和侵蚀过程（傅伯杰等，1999；Trimble S. W.，

1999；傅伯杰等，2003）。因此，研究土壤侵蚀与景观格局之间的关系，对于合理调整土地利用结构、改善景观要素的数量比重和优化景观斑块的空间配置，进行土壤侵蚀控制是有重要意义的（魏建兵等，2006）。

本书尝试将东北黑土区的沟蚀与景观格局之间的关系加以探讨，研究区拥有典型的农业景观。农业景观比自然景观具有更大的变异性，它既受到自然环境的制约，又受到人类活动和社会经济条件的影响和干预。农业景观空间格局的研究有利于了解景观格局与自然、生态过程和社会经济活动之间的关系，对于土地资源合理利用和控制水土流失有重要意义。

本书在遥感和 GIS 支持下，以 SPOT5 影像为基础数据源，获取研究区的侵蚀沟分布状况数据和景观格局数据，同时，运用 ArcGIS 的水文分析模块提取研究区 93 个子流域作为基本分析单元，在此基础上运用 GIS 获取了每个子流域的侵蚀沟密度，同时运用 FRAGSTAT 软件算出每个子流域相应的景观格局指数，通过相关分析尝试探讨沟蚀与景观格局之间的关系，以期为该区的侵蚀防治提供合理的建议。

一、数据源

本章研究中用到的主要的数据源包括研究区的侵蚀沟分布数据、数字高程模型（DEM）、2005 年的景观类型数据，也就是 2005 年的土地利用数据，对于上述数据的获取在这里不再赘述，详细的获取过程在第二章和第三章已经进行了描述。

二、研究方法

（一）基于 DEM 的小流域评价单元的提取

小流域是相对完整自然的汇水单元，本章以小流域作为综合评价分析单元，对栅格数据进行信息集成，可以克服栅格基本评价分析单元在应用中的不足之处（左伟等，2003）。本书以研究区的 DEM 作为数据源，运用 Arc/info 的空间分析功能进行小流域的提取，具体步骤如下：

（1）DEM 预处理。由于研究过程中的栅格数据由矢量数据插值生成，数据中难免存在凹陷点或者无值网格等数据方面的缺陷，因此必须对数据进行预处理。DEM 的预处理过程包括数据的平滑、凹陷点的填充，凹陷点即四周高、中间低的一个或一组栅格点，为了进行水文模型分析，这些下陷点必须被填充起来，使凹陷点的高程值等于周围点的最小高程值。

（2）水流方向的确定。利用预处理过的 DEM，可以计算栅格区域水流流向及水流的汇集点，常用的方法就是 D8 算法（Greenlee，1987；Jenson et al.，1988），其基本原理可以简单地描述为：水往低处流，即中间的栅格单元水流流向定义为邻近 8 个格网中坡度最陡的单元。通过每个格网单元从高处向下游进行水流方向的寻径，整个流域格网单元之间连通性的水流方向栅格模型就建立起来了，从而可以生成区域河网图。与此同时，用最陡坡度原则确定的水流路径，计算任一栅格单元上的汇水面积。

（3）河网的生成。生成河网需要根据栅格流向格网数据和水流汇水格网数据来确定，具体过程是：首先，确定最小水道给养面积的阈值，即形成永久性水道所必需的汇水面积。当上游集水区面积等于阈值面积时，该格点为水道的起始点。流域内集水区面积超过该阈值的格点即定义为水道。其次，确定最小水道长度，去除河网图中的伪水道，所得结果即为流域的河网图。

（4）确定流域界线，进行小流域划分。根据上述生成的河网，利用 STREAMLINK（）函数来确定流域出口，STREAMLINK（）函数利用上面建立的河流网络，将河流沟谷交叉点自动标记为流域出口。流域出口找到后，利用 WATERSHED 函数在水流方向栅格上可以很方便地确定所有子流域。

基于以上步骤，结合研究区水系图、地形图和研究目的，提取了研究区的小流域（见图 4-1）。该区共提取小流域 93 个，作为后续研究的基本分析单元。

（二）景观格局分析方法

景观格局分析的主要目的是从看似无序的景观中发现潜在的有意义的规

图 4-1　研究区小流域分布示意图

律，而景观指数已经成为定量研究景观格局和动态变化的主要方法（郭晋平等，1999），因此本书利用景观指数进行景观格局分析。在指数选取上，考虑到旱地、林地以及草地对水土流失的作用，选择以上几种地类的面积百分比（PLAND）作为类型水平上的景观指数，而考虑到景观指数的独立性以及描述景观信息的全面性（Riitters K. H. et al.，1999），在景观水平上分别选取形状指数中的分维数（PAFRAC）、蔓延度指数中的聚集度（CONTAG）和多样性指数中的香农多样性指数（SHDI）作为代表。各指数由软件 FRAGSTATS3. 3 的 Arcgrid 数据格式计算获得，其生态学意义与公式如下：

1. 斑块类型所占景观面积的比例

计算公式：

$$PLAND = \frac{\sum_{i=1}^{m} a_{ij}}{A} \tag{4-1}$$

式中，i 为斑块类型；j 为斑块的数目；a_{ij}为 i 类 j 个斑块的面积；A 为总的景观面积。PLAND 即某一斑块类型的总面积占整个景观面积的百分比，取值范围为：$0<PLAND\leq100$。其值趋于 0 时，说明景观中此斑块类型变得十分稀少；其值等于 100 时，说明整个景观只由一类斑块组成。

其生态学意义为：PLAND 度量的是景观的组分，其在斑块级别上与斑块相似度指标（LSIM）的意义相同。由于它计算的是某一斑块类型占整个景观的面积的相对比例，因而是帮助我们确定景观中基质（Matrix）或优势景观元素的依据之一，也是决定景观中的生物多样性、优势种和数量等生态系统指标的重要因素。

2. 分维数指数

计算公式：

$$PAFRAC=\cfrac{2}{\cfrac{\left(N\sum_{i=1}^{m}\sum_{j=1}^{n}\ln P_{ij}\cdot\ln a_{ij}\right)-\left[\left(\sum_{i=1}^{m}\sum_{j=1}^{n}\ln P_{ij}\right)\left(\sum_{i=1}^{m}\sum_{j=1}^{n}\ln P_{ij}\right)\right]}{\left(N\sum_{i=1}^{m}\sum_{j=1}^{n}\ln P_{ij}^{2}\right)-\left(\sum_{i=1}^{m}\sum_{j=1}^{n}\ln P_{ij}\right)^{2}}} \tag{4-2}$$

式中，a_{ij}为 ij 斑块面积；P_{ij}为斑块 ij 的周长；n 为景观中斑块的总数。取值范围为：$1\leq PAFRAC\leq2$。其值接近于 1 表明景观形状很简单、规则，例如正方形；越接近 2 代表景观形状越不规则、越曲折。

其生态学意义为：分维数反映了一定尺度上的景观形状的复杂程度。PAFRAC 是反映景观格局总体特征的重要指标，它在一定程度上也反映了人类活动对景观格局的影响。一般来说，受人类活动干扰小的自然景观的分数维值高，而受人类活动影响大的人为景观的分数维值低。

3. 聚集度指数

该指标是景观里不同斑块类型的团聚程度或延展趋势，计算公式为：

$$CONTAG=\left[1+\sum_{i=1}^{m}\sum_{j=1}^{n}\frac{P_{ij}\ln(P_{ij})}{2\ln(m)}\right]\times100 \tag{4-3}$$

式中，P_{ij}为斑块 ij 的周长。取值范围为：0<CONTAG≤100。理论上，CONTAG 值较小时表明景观中存在许多小斑块；趋于 100 时表明景观中有连通度极高的优势斑块类型存在。聚集度指数通常度量同一类型斑块的聚集程度，但其取值还受到类型总数及其均匀度的影响。

其生态学意义为：聚集度指数反映景观中不同斑块类型的非随机性或聚集程度。如果一个景观由许多离散的小斑块组成，其聚集度的值最小，当景观中以少数大斑块为主或同一类型斑块高度连接时，其聚集度的值则较大。多样性、均匀度、优势度和聚集度指数都是以信息论为基础而发展起来的，除聚集度外，多样性、均匀度和优势度在种群和群落生态学中应用已久。与多样性和均匀度指数不同，聚集度指数明确考虑斑块类型之间的相邻关系，因此能够反映景观组分的空间配置特征。

4. 香农多样性指数

计算公式：

$$SHDI = -\sum_{k=1}^{n} P_k \ln(P_k) \tag{4-4}$$

式中，P_k 为斑块类型 k 在景观中出现的概率（通常以该类型占有的栅格细胞数或像元数占景观栅格总数的比例来估算）；n 为景观中斑块类型的总数。取值范围为：SHDI≥0。SHDI=0 表明整个景观仅由一个斑块组成；SHDI 增大，说明斑块类型增加或各斑块类型在景观中呈均衡化趋势分布。

其生态学意义为：SHDI 是基于信息论，用来度量系统结构组成复杂程度的一个指数，它能反映景观异质性，即强调稀有斑块类型对信息的贡献，这也是与其他多样性指数不同之处。在比较和分析不同景观或同一景观不同时期的多样性与异质性变化时，SHDI 也是一个敏感指标。如在一个景观系统中，土地利用越丰富，破碎化程度越高，其不定性的信息含量也越大，计算出的 SHDI 值也就越高（杜国明，2008）。

（三）侵蚀沟密度和景观格局指数相关分析

采用单因子、多因子相关性分析研究沟蚀与景观格局的关系，分析过程用统计软件 SPSS13 来完成。

第二节 研究区沟蚀现状及其与景观格局的关系研究

一、研究区沟蚀现状

根据研究区的侵蚀沟数据，获取了研究区当前的沟蚀现状（见表4-1），研究区当前平均侵蚀沟密度为4219.2平方米/平方千米，根据水利部“土壤侵蚀分类分级标准”（土壤侵蚀分级标准，2006），还没有就侵蚀沟面积密度方面作出相应的评价标准，但是黑土区的侵蚀沟问题确实给当地的农业可持续发展带来了严峻挑战，这一点从侵蚀沟野外调查工作中深有感受，可以说当前黑土区的侵蚀沟至少应该属于强烈阶段，建议应该给当前侵蚀沟的面密度建立一定的评价标准。

表4-1 研究区沟蚀现状

侵蚀沟密度（m^2/km^2）	吞食耕地面积（公顷）	破坏耕地面积（公顷）
4219.2	10149.5	25261.2

根据解译得到的面状侵蚀沟数据，得到当前侵蚀沟吞食耕地面积为10149.5公顷，仅从此数字上看已经让人触目惊心，但是从野外调查和对当地农民的采访中发现，离沟10米以内的地方是不适宜进行耕种的，否则将加速沟蚀，甚至导致该范围内耕地永久消失。因此，本书对当前的侵蚀沟沟边做10米的缓冲区分析，获取该情况下的吞食耕地面积为25261.2公顷，在此称为破坏耕地面积，进一步说明沟蚀对耕地的影响。

侵蚀沟的产生、发展具有巨大危害，侵蚀沟形成后造成周围耕地N、

P、K 有机质含量降低，这些都会影响粮食产量，但是这些因素在本书中暂时不做考虑，为了阐释侵蚀沟的危害，本书仅从侵蚀沟吞食耕地造成的粮食减产来保守估计其对粮食安全的影响。

从上面的分析中可以获知研究区当前侵蚀沟吞食耕地面积为 10149.5 公顷，用较为通俗的说法，当前共侵蚀掉约 15.22 万亩良田，而侵蚀沟破坏耕地面积为 25261.2 公顷，也就是 37.89 万亩良田，从这个数字来看十分惊人。

另外，对研究区侵蚀沟吞食耕地面积所造成的粮食减产进行了粗略估算，当前研究区所辖县市的平均粮食单产为 2.87 吨/公顷，将这个数据与侵蚀沟吞食耕地面积换算得出，研究区当前因侵蚀沟吞食耕地将造成粮食减产达 2.91 万吨，而因侵蚀沟破坏耕地将造成粮食减产达 7.25 万吨。

除此，我们保守地计算了侵蚀沟吞食耕地带来的经济损失，由于黑龙江地区以种植大豆为主，我们以当前大豆的价格为准，约为 3.6 元/千克，计算出当前研究区侵蚀沟吞食耕地带来的直接经济损失约为 1.04 亿元；侵蚀沟破坏耕地带来的直接经济损失约为 2.62 亿元。另外，由从《黑龙江统计年鉴 2006》中获取的数据得知，项目区各县市人均占有耕地面积约为 6 亩/人，换句话说，研究区相当于 2.54 万人失去了自己赖以生存的耕地，假如这部分人口失去耕地，他们本身将无法创造经济价值，同时，从我们国家角度来说，必将从财政拨款给予他们救济，这就进一步加大了经济损失，因此，可以说侵蚀沟吞食耕地带来的经济损失是双重的。而如果将这个数字换算成破坏耕地面积，那将是直接经济损失 2.62 亿元，失去耕地人口达到 6.32 万人（见表 4-2）。

表 4-2　黑土区吞食耕地面积各项损失

	侵蚀耕地亩数（万亩）	粮食减产（万吨）	经济损失（亿元）	失去耕地人口（万人）
吞食耕地损失	15.22	2.91	1.04	2.54
破坏耕地损失	37.89	7.25	2.62	6.32

总的来说，研究区沟蚀状况非常严重，沟蚀给当地农业生产带来严重影响，并影响粮食产量，必须加大投入力度进行沟蚀预防和治理。

二、沟蚀现状及其与景观格局的关系研究

（一）研究区景观类型及景观格局指数

从景观类型水平上所得的各景观类型所占景观总面积的百分比（PLAND）这一指数发现，研究区各值分别为：旱地 68.23%，水田 1.92%，林地 9.38%，草地 7.25%，水域 2.63%，建设用地 3.64%，未利用地 6.94%。研究区景观水平的三个指数值分别是：分维数（PAFRAC）为 1.4502，说明整个研究区的景观人工干预程度较高；聚集度（CONTAG）为 76.6364，说明研究区以少数大斑块为主或同一类型斑块高度连接；香农多样性（SHDI）为 1.2535，说明研究区各种景观斑块构成的景观多样性程度不大。研究区景观类型水平和景观水平的四个指数值反映出该区景观类型单一，各景观类型的分布简单，从中可以得出，研究区是以旱地、林地为背景基质，水田、草地和建设用地为镶嵌斑块，水体和沼泽为廊道的典型基质—斑块—廊道农业景观。

（二）子流域沟蚀状况与景观指数

小流域是一个完整的径流形成、汇集和侵蚀产沙、输沙单元，也是进行水土流失综合治理的基本单元（贾媛媛等，2005）。本书以提取的 93 个小流域作为沟蚀和景观格局关系研究的基本单元，获取小流域各自的侵蚀沟密度和景观指数，由于篇幅有限，仅举 8 个小流域作为例子（见表 4-3），同时求取了侵蚀沟密度以及六种不同指数的最大值、最小值、平均值和变异系数（见表 4-4）。

表 4-3　子流域侵蚀沟密度与格局指数（示例）

子流域代码	侵蚀沟密度（m^2/km^2）	旱地 PLAND	林地 PLAND	草地 PLAND	分维数	聚集度	香农多样性指数
3	80.58	29.80	42.69	25.64	1.33	65.08	1.36

续表

子流域代码	侵蚀沟密度（m^2/km^2）	旱地PLAND	林地PLAND	草地PLAND	分维数	聚集度	香农多样性指数
20	376.69	34.94	35.98	11.06	1.27	63.43	1.42
41	2313.88	79.24	3.17	4.93	1.36	77.63	0.87
64	7051.93	84.45	2.95	8.42	1.31	81.01	0.61
69	12223.51	80.85	1.81	3.42	1.41	78.39	0.87
71	3599.03	90.40	0.70	1.52	1.25	89.40	0.46
89	3405.13	82.46	1.73	7.70	1.37	81.15	0.73
92	1452.09	84.05	0.00	6.89	1.30	79.54	0.71

表 4-4　子流域侵蚀沟密度及各指数的变化程度

	侵蚀沟密度（m^2/km^2）	旱地PLAND	林地PLAND	草地PLAND	分维数	聚集度	香农多样性指数
最小值	32.76	3.60	0.00	0.00	1.13	61.98	0.24
最大值	13789.93	94.93	81.37	60.35	1.54	93.15	1.55
平均值	3878.91	67.50	9.74	7.72	1.28	74.20	0.96
变异系数	3541.38	5.78	22.72	9.34	0.02	0.82	0.12

从表 4-4 中可以发现，流域分维数、聚集度、香农多样性指数的变异系数都不大，分别为 0.02、0.82、0.12，这说明每个子流域在景观格局配置上差异不是很大。从分维数来看，最低的值为 1.13，最高的为 1.54，平均值为 1.28，这说明研究区受人工干扰较大，各子流域景观形状比较规则；研究区香农多样性指数值非常低，说明研究区各子流域景观多样性低；聚集度指数较高，说明研究区具有高连通性的斑块。最后分析各子流域的 PLAND 值，可见该区各子流域都是以旱地为主要基质，景观形状简单、人工干预程度高，这些进一步说明该区的景观配置较为简单。

（三）侵蚀沟密度与景观指数的单因子相关性分析

利用93个子流域所得到的侵蚀沟密度以及各子流域相对应的景观指数值，采用SPSS软件对侵蚀沟密度与所对应的景观指数进行单因子相关分析，结果表明（见表4-5），旱地、草地、分维数以及聚集度指数与侵蚀沟密度表现出正相关关系，而林地和香农多样性指数与侵蚀沟密度表现出负相关关系。

表4-5 不同子流域侵蚀沟密度与景观指数的相关分析

	旱地 PLAND	林地 PLAND	草地 PLAND	分维数	聚集度	香农多样性指数
R	0.58**	-0.43**	0.25*	0.515*	0.48*	-0.569**

注：**表示双尾检查相关程度在0.01水平上显著；*表示双尾检查相关程度在0.05水平上显著。

总体上来说，虽然侵蚀沟密度与各指数没有显示出非常高的相关性，但是景观格局对该区侵蚀的影响的一些特征也可显示出来。旱地的正相关性说明其是该区产生侵蚀的主导因子；林地的负相关性说明林地在抑制侵蚀方面具有不可替代的作用，但是由于该区的林地分布不是很均匀，主要集中分布在北部和东部的丘陵状台地区，面积也不是很大，这都使林地的水保功能的发挥受到限制；草地的相关性稍弱，说明在该区草地对于侵蚀的影响没有耕地大，这可能与草地在该区所占面积很小有关。

子流域间分维数、聚集度与侵蚀沟密度的正相关性说明研究区较低的分维数和较高的聚集度易于产生侵蚀，这是因为研究区为典型的农业景观，人工干预程度高、斑块形状规则、景观空间构型简单使该区很容易产生水土流失现象。香农多样性指数对景观类型数较敏感，能够反映景观的异质性，其负相关性说明该指数在侵蚀预防上具有重要指示意义。而该区由于旱地是景观的基质类型，因此该区景观斑块的空间延展性和连接度较高，景观多样性较低，加剧了土壤侵蚀的危险。因此，当前该区的景观格局的单一化和不均质性加剧了该区的水土流失，合理地调整林地、旱地和草地的比例和格局，增大香农多样性指数，能够在景观水平上提高水蚀控制能力。

（四）侵蚀沟密度与景观指数的多因子相关性分析

侵蚀沟的形成是受多种因子综合作用的结果，基于此，本书为了进一步探讨侵蚀沟与景观格局之间的综合作用，将侵蚀沟密度视为因变量 y，景观指数作为自变量（PAFRAC 为 x_1，CONTAG 为 x_2，SHDI 为 x_3，旱地所占比例为 x_4，林地所占比例为 x_5，草地所占比例为 x_6）进行多元线性逐步回归分析，回归方程为：

$$y=5.78+0.223x_1+0.19x_2-0.118x_3+0.233x_4 \tag{4-5}$$

结果显示，复相关系数 R=0.524。同时，林地和草地两个自变量从回归方程中剔除，说明两者在综合影响分析中作用不大。但是可以看出，在侵蚀沟与景观格局之间的综合作用探讨中，多因子之间的综合作用也没有呈现出非常高的相关性，自变量仅能解释因变量的 25%左右，原因可能是各子流域景观格局差异小，对沟蚀的贡献小。因此，各子流域之间的景观格局差异不是引起研究区沟蚀差异的主要原因，这也进一步说明了侵蚀沟的发展受到水文、降水、地貌、土壤、土地利用及植被的影响，是这几个因子综合作用的结果。想进一步探讨沟蚀形成因素需要进一步加强这方面的探讨，以更好地理解沟蚀发育过程。

本章小结

研究区当前平均侵蚀沟密度为 4219.2 平方米/平方千米，吞食耕地面积为 10149.5 公顷，破坏耕地面积为 25261.2 公顷，保守估计带来的直接经济损失约为 1.04 亿元，间接经济损失为 2.62 亿元。以上数字表明，研究区正遭受着严重的沟蚀，严重危害当地粮食生产，必须加大力度治理。

研究区为典型的农业景观，旱地占该区面积的 68.23%，为基质景观类型，其余的景观类型较少，这种景观格局使该区具有较低的景观分维数和香农多样性以及较高的聚集度，但以上各指数子流域间差异较小。

水土流失和景观格局具有空间异质性，不同的格局特征与水土流失强度有一定的相关性。子流域侵蚀沟密度与景观格局指数相关性分析的结果表明，旱地是产生侵蚀的主要景观类型，林地在抑制侵蚀上具有重要作用。分维数、聚集度以及多样性指数的相关性分析表明，合理地调整旱地、林地和草地的比例，优化景观斑块空间配置，对于抑制侵蚀具有重要意义。

侵蚀沟密度与景观指数的多因子相关性分析表明，各子流域之间的景观格局差异不是引起沟蚀差异的主要原因，要想进一步探讨沟蚀形成因素需要进一步将其他影响沟蚀的自然和人为因素加入，进行综合、深入的研究和探讨。

东北黑土区对于我国粮食安全的意义重大，但是该区受人工干预较高使土地集中连片，种植作物类型单一使该区成为景观异质性小的人工农田生态系统，这种系统加速了侵蚀的产生。本书从水土保持的基本单元小流域角度出发探讨沟蚀与景观格局之间的关系，对于该区的水土流失防治具有一定的指导意义，但是研究中仍存在一些缺陷，需要进一步探讨：①本书景观格局分析中仅针对不同的景观类型空间格局进行分析，而没有考虑不同景观类型上当前的水保措施的作用，探讨水土保持的效应对于得出更科学合理的结果具有重要意义；②本书仅考虑了侵蚀沟的长度和面积，而对于侵蚀沟的体积方面的信息没有进行研究，如何确定这个参数，对于获取研究区侵蚀沟产沙量具有重要意义；③本书仅讨论了沟蚀与景观格局之间的关系，如何将降雨、土地利用、土壤、植被以及地貌因子加入到研究中，讨论它们与侵蚀沟形成的综合作用关系是值得思考的。

第五章

沟蚀发生风险评价模型指标因子的构建

第一节　评价指标选取的原则

指标体系是指为完成一定研究目的而由若干个相互联系的指标组成的指标群。指标体系的建立不仅要明确指标体系由哪些指标组成，同时要明确指标体系的功能、类型和特征，更要明确指标体系之间的相互关系，即指标的结构，只有这样，才能为构建科学合理和有效实用的指标体系奠定良好的基础。为保证评价结果的客观性和有效性，指标变量的选择应遵循以下原则：

（1）指标应具有可获取性，这样才能成为反映侵蚀的物质基础。

（2）指标应具有代表性，具体地讲应真实、直接地反映主要水文效应的作用功能。

（3）指标应具有相对独立性，同一层次的各项指标能各自说明被评客体的某一方面，尽量不相互重叠或成为相互包含的因果关系。

（4）指标应具有可行性，所谓可行性一方面要求反映客观实际，另一方面要求其可供实际评价计算，因而应是一个较为确定的量。

（5）指标应具有可比性，能够为水土流失规划设计、结构调整提供可靠的依据。

（6）指标应具有整体性，能综合、全面地反映水土流失的各个方面。

第二节　评价指标体系构建

依据评价指标选取的原则，参考已有的研究成果并结合本书的主要目的，选取以下具有代表性的指标构成构建沟蚀发生风险评价模型的指标体系（见表 5-1）：

表 5-1　沟蚀发生风险评价模型构建指标体系结构

<table>
<tr><th>目标层</th><th>要素层</th><th colspan="2">因子层</th></tr>
<tr><td rowspan="26">沟蚀发生风险评价</td><td rowspan="7">气候</td><td rowspan="2">降雨侵蚀力</td><td>月降雨侵蚀力因子</td></tr>
<tr><td>多年降雨侵蚀力因子</td></tr>
<tr><td rowspan="2">极端降雨事件</td><td>暴雨</td></tr>
<tr><td>1998 年极端降雨量</td></tr>
<tr><td rowspan="2">冻融作用</td><td>最冷月平均温度</td></tr>
<tr><td>极端最低气温</td></tr>
<tr><td colspan="2">有效降雨量</td></tr>
<tr><td rowspan="3">土壤</td><td>微观层次</td><td>有机质</td></tr>
<tr><td>中观层次</td><td>土壤渗透性</td></tr>
<tr><td>宏观层次</td><td>土壤可蚀性</td></tr>
<tr><td rowspan="11">地形</td><td rowspan="5">微观地形指标</td><td>坡度</td></tr>
<tr><td>坡长</td></tr>
<tr><td>坡向</td></tr>
<tr><td>汇水面积</td></tr>
<tr><td>地面曲率</td></tr>
<tr><td rowspan="6">宏观地形指标</td><td>坡形</td></tr>
<tr><td>地形起伏度</td></tr>
<tr><td>地表粗糙度</td></tr>
<tr><td>高程变异系数</td></tr>
<tr><td>地表切割深度</td></tr>
<tr><td>河网密度</td></tr>
<tr><td rowspan="3">植被</td><td colspan="2">植被覆盖度（COVERAGE）</td></tr>
<tr><td colspan="2">叶面积指数（LAI）</td></tr>
<tr><td colspan="2">净初级生产力（NPP）</td></tr>
<tr><td rowspan="2">土地利用</td><td rowspan="2">土地利用程度</td><td>土地利用程度综合指数</td></tr>
<tr><td>土地利用程度变化指数</td></tr>
</table>

续表

目标层	要素层	因子层	
沟蚀发生风险评价	土地利用	土地利用变化速度	土地利用面积变化率
		道路影响	路网密度
		人类活动影响	距居民点远近
			据河流距离
			土地相对开垦年限

第三节　指标选择及构建方法

一、气候指标构建

降雨是最重要的自然资源之一，同时也是引起土壤侵蚀的主要动力因素，是土壤侵蚀过程中起主导作用的一个气候因素。降雨对于土壤侵蚀的影响决定于降雨径流侵蚀力。降雨侵蚀力是降雨量、降雨强度、雨型和雨滴动能的函数，发生径流情况下的降雨对侵蚀的作用，即是降雨径流侵蚀力。同时，许多研究表明，侵蚀沟道的产生只有当某次降雨事件中水流强度超过某一阈值时才具有现实性，这一阈值被称为临界水流剪切力，可以用某次降雨量的大小来衡量是否达到临界水流剪切力。另外，暴雨等极端降雨事件都可以在较短的时间内产生巨大的水土流失量。

（一）产生侵蚀沟的有效降雨量确定

在所有的降雨事件中，只有部分才产生地表径流，进而引起土壤流失，这部分降雨被称为侵蚀性降雨（Wischmeier et al.，1958；王万忠，1987；高峰等，1989；金建君等，2001；章文波，2002；周佩华，1992；谢云，2000）。王万忠（1984）给出了侵蚀性降雨的四种标准，分别为基本雨量标准、一般雨量标准、瞬时雨率标准和暴雨标准。基本雨量标准是将侵蚀性降雨按雨量从大到小排序，顺序数与总次数之比为80%时对应的雨量；一般雨量标准为将侵蚀性降雨按雨量从大到小排序，累积侵蚀量达到95%时对应的雨量；瞬时雨率标准是将侵蚀性降雨按5分钟、10分钟、15分钟、20分钟、30分钟等不同时段最大雨强从大到小排序，顺序数达到总次数80%时对应的时段最大雨强；暴雨标准，与一般雨量标准的计算方法类似，累积侵蚀量达到95%时对应的雨量。

对于多大降雨量会导致侵蚀沟的产生的问题，有研究表明只有当次降雨量达到某一阈值时侵蚀沟才具备产生的条件。Poesen等（2003）对当前各国就产生侵蚀沟的降雨量阈值的研究进行了归纳总结（见表5-2），可以发现不同地区产生侵蚀沟的有效降雨量阈值不同，产生不同类型侵蚀沟的临界降雨量也不同，同时也可以发现产生细沟和浅沟的降雨量有时差别不大，因此，选择适应于研究区的降雨量的阈值对于侵蚀沟的研究有重要意义。

表5-2 野外观测所得侵蚀沟产生的降雨阈值

侵蚀过程	降雨阈值	地点
细沟	P_d>7.5 mm	North Norfolk，UK
	P= 10mm，P_i>1mm/h	West Midlands，UK
	P>10mm（夏季）	East Anglia，UK
	P_d=10~15mm	North Thailand
	P_d=15mm	Alsace，France
	P_d>15mm，P_i>4mm/h	England and Wales，UK
	P=20mm，P_i=3mm/h	Bedfordshire，UK
	P_d>15~20mm	Scotland，UK
	P> 20~25mm（冬季）	Lowland England，UK
	P>30mm（两天内）	South Downs，England，UK
浅沟	P=14.5mm	Almeria，Splain
	P_d=18mm（夏季），P_d=15mm（冬季）	Central Belgium
	P=17mm	Navarra，Spain
	P=20mm	North Thailand
	P=22mm，P_{i-30}=33mm/h	Extremadura
切沟	P_d>80~100mm	Bombala，SE Australia

注：P为总降雨量；P_d为日降雨量；P_i为雨强；P_{i-30}为最大30分钟雨强。

在我国就侵蚀性降雨问题学者们也开展了相关的研究。王万忠(1984)拟定的黄土高原农耕地一般雨量标准为9.9毫米;江忠善等(1988)根据黄土地区降雨径流资料,拟定了该地区侵蚀性降雨标准为次降雨量大于10毫米;杨子生(1999)用王万忠的方法确定滇东北山区的基本雨量标准为9.2毫米;赵富海(1994)在研究张家口降雨侵蚀力时,确定该地区的侵蚀性降雨标准为次降雨量大于12.5毫米;谢云等(2000)根据黄河流域子洲团山沟径流实验站1961~1969年降雨和径流观测资料的分析结果,拟定坡面侵蚀的侵蚀性雨量标准为12毫米。

而关于东北黑土区侵蚀性降雨的标准,学者们也开展了相关研究,黑龙江省水土保持科学研究所(卢秀琴等,1992)在宾县实验场和克山实验场设立标准径流区(无植被),利用97次天然侵蚀性降雨资料为依据,经过统计分析,求得了侵蚀性降雨的基本雨量标准、一般雨量标准分别为9.8毫米和11.3毫米。而仅依靠克山4年24次天然侵蚀性降雨资料的统计分析,所得标准分别为8.9毫米和11.6毫米(高峰等,1989)。

借鉴上述研究,本书中将侵蚀沟产生的基本雨量标准定为12毫米,主要是因为侵蚀沟的产生是坡面侵蚀进一步恶化的结果,较坡面侵蚀的产生需要更大的雨量。上述研究结果都是基于坡面侵蚀得来,同时考虑到各雨量的意义进行上述的定义。根据研究区1995~2005年的降雨资料将研究区的侵蚀性降雨量空间化,得到有效降雨量分布示意图(见图5-1)。可以看出,研究区的有效降雨量的分布是自北向南逐渐增加的,是符合降雨规律的。

(二)降雨侵蚀力

降雨侵蚀力是指由降雨引起土壤侵蚀的潜在能力,是降雨因素对土壤侵蚀的根本体现,在降雨量、降雨历时、降雨强度、降雨动能及降雨侵蚀力等诸多有关的降雨特征中,降雨侵蚀力是一项客观评价由降雨所引起土壤分离和搬运的动力指标,是判断土壤侵蚀的最好指标,也是建立土壤流失预报模型最基本的因子之一(景可等,2005)。自从Wischmeier等(1958)提出降雨侵蚀力因子(R)指标以来,降雨侵蚀力的研究受到越

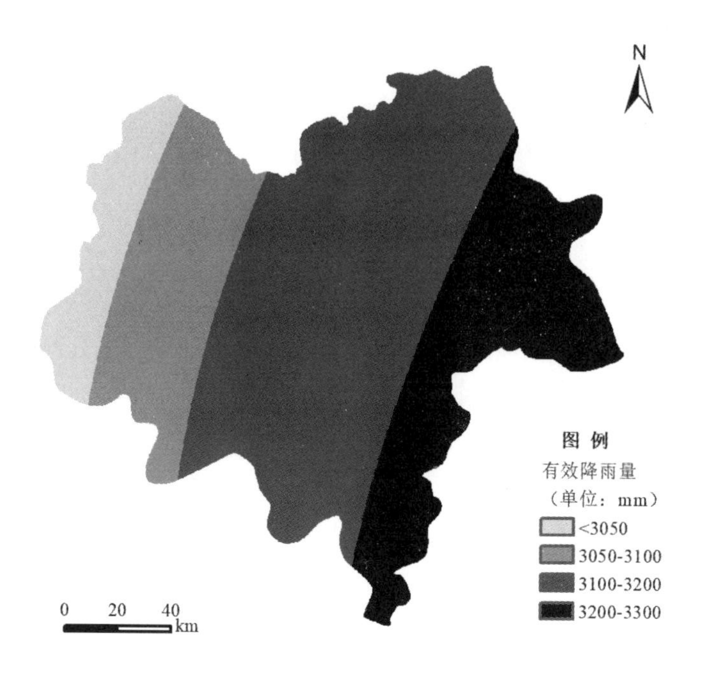

图 5-1　研究区有效降雨量分布示意图

来越多人的重视。国内外不少学者以 EI_{30} 组合结构形式为基础，提出了各地区的 EI 组合形式，但是由于以次降雨指标 EI 计算降雨侵蚀力的方法以次降雨过程资料为基础，一般很难获得长时间序列的降雨过程资料，且资料的摘录整理十分烦琐，因此一般建立降雨侵蚀力的简易算法，即利用气象站常规降雨统计资料来评估计算降雨侵蚀力，其中常规降雨观测资料以日、旬、月雨量为主，因此当前许多学者利用上述降雨资料建立了简易算法。由于侵蚀的形成既受逐次或雨季降水的影响，又是降水长年累月带来的结果，为了全面衡量降雨对于侵蚀的影响，本书选择年降雨侵蚀力因子、月降雨侵蚀力因子来衡量不同时段的降水对于侵蚀的相对作用。

1. 年降雨侵蚀力因子

年降雨侵蚀力因子 R 估算，本书采用 FAO 建立的通过修订 Fournier 指数求算 R 值的方法（Arnoldus，1980），该方法既考虑年降水总量，又考虑降水的年内分布，数据也容易获取。其公式为：

$$F = \sum_{i=1}^{12} P_i^2/P \tag{5-1}$$

式中，i 为月份；P_i 为多年平均月降水量；P 为多年平均年降水量。然后建立 R 与该指数的关系为：

$$R = a \times F + b \tag{5-2}$$

式中，a、b 取决于气候条件。国内学者通常将所研究地区的气候条件与世界其他地区进行类比确定 a 和 b 的取值。本书利用张宪奎等（1992）发表的黑龙江省一些气象站点 1955～1989 年多年平均降雨侵蚀力计算结果，将其与该时段的修订 Fournier 指数（F 值）通过回归分析后得到 a 和 b 的取值，降雨侵蚀力 R 值与修订 Fournier 指数的线性拟合公式为 y=2.34x-136.57，因此公式（5-2）中 a 和 b 的取值分别为 2.34 和-136.57。

本书利用乌裕尔河、讷谟尔河流域所辖县市及周边县市的各气象站点 1995～2005 年的各个测站的逐月降水资料，利用上述公式计算了各个站点多年平均降雨侵蚀力，由于它们只代表各降雨站点的状况，不能展布到整个区域，因此需要将数据进行空间化。ArcGIS 为用户提供了多种插值方法，如空间克里格、反距离插值法等，考虑到研究区的海陆距离、地形高差和起伏变化会导致大气环流形势的局部调整，使降水在大尺度空间分布上均匀变化的规律和降水分配的格局受到改变，采用协克里格方法，以经纬度、海拔高程作为协变量（蔡福，2006），将降雨侵蚀力点状数据通过空间内插的方法得到基于栅格数据结构的研究区降雨侵蚀力空间分布示意图（见图 5-2）。

2. 月降雨侵蚀力因子

东北黑土区位于中温带，大陆季风气候显著，区内降水很不均匀，降水主要集中于 6～9 月，降水量可占全年的 70%以上。其中 7 月、8 月两月占全年降水的 50%以上，水蚀主要集中于该季节（唐克丽，2004），而 7 月、8 月两个月 R 值占年 R 值的 70%左右（景可，2005），因此本书选择计算 7 月、8 月两个月份的月降雨侵蚀力因子，用以表征高降雨时段的侵蚀力。

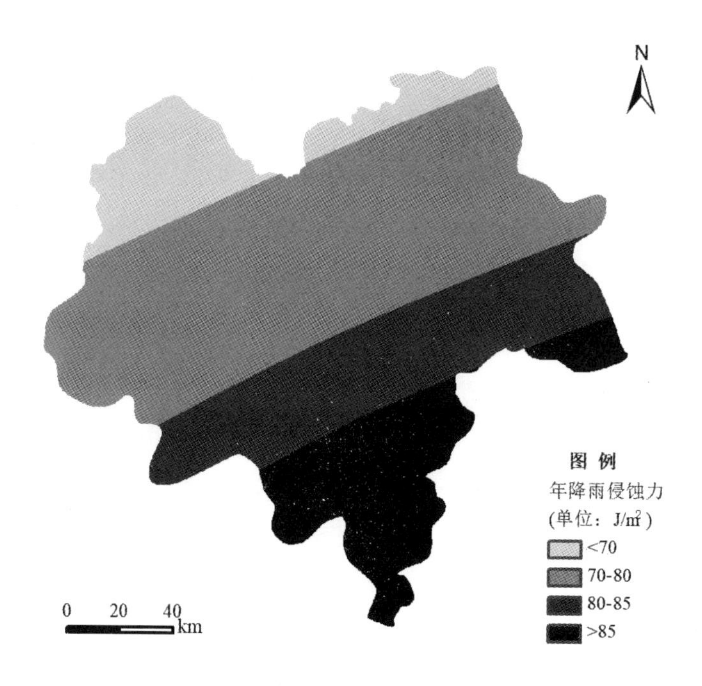

图 5-2　研究区年降雨侵蚀力示意图

考虑到资料的限制，本书中采用北京地区 10 个水文站 25 年 2894 次降雨过程资料，经过 EI_{30}相比的误差检验，建立直接用雨量估算月降雨侵蚀力的简易算法（徐丽等，2007），如下：

$$R_{月}=0.689P_{月}^{1.474} \tag{5-3}$$

式中，$R_{月}$ 为月降雨侵蚀力因子；$P_{月}$ 为月降雨量。

根据上述算法获取了研究区的月降雨侵蚀力因子（见图 5-3）。从图 5-2 和图 5-3 可以看出，年降雨侵蚀力因子和月降雨侵蚀力因子两者分布规律总体上具有一致性，这与 7 月、8 月两月占全年降水的 50%以上直接相关。

3. 极端降雨事件

近来的研究表明，全球变暖增加了气候的变异性，使极端气候事件发生的频率较以往高得多，强度也较以往大得多，这又进一步加大了侵蚀速率。José Carlos Gonzúlez-Hidalgo（2007）通过总结地中海区域已经发表的

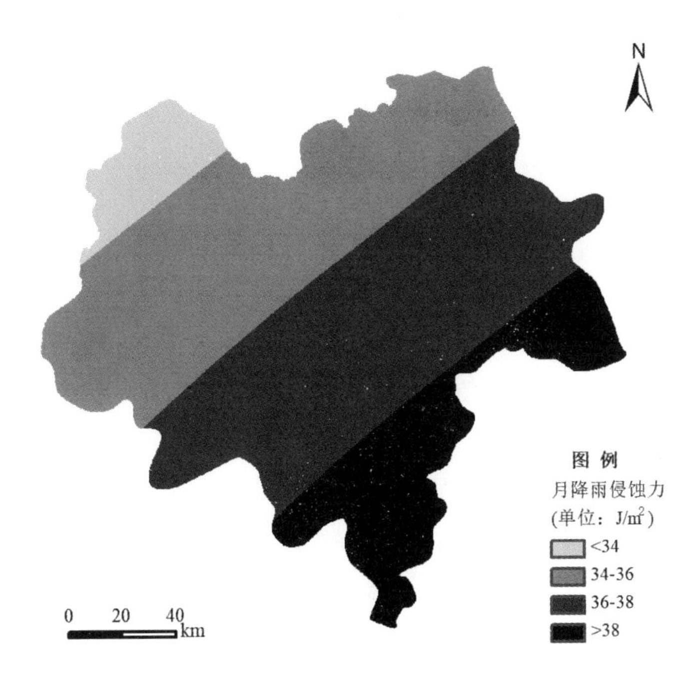

图 5-3　研究区月降雨侵蚀力因子示意图

相关文献的 17 个不同的降雨站点的土壤侵蚀数据，针对极端降雨事件对侵蚀的影响做出的相关研究得出，地中海区域 17 个站点中 3 次极端降雨事件产沙量对全年产沙量的贡献达到 50%以上，最高的在 70%以上。而对我国黄土高原的研究表明，该区少数几次大暴雨所引起的侵蚀可占全年侵蚀量的 90%以上（唐克丽，2004），而黑土区农地短历时（0.5~4 小时）、高强度的阵性降雨引起的土壤侵蚀量约占总侵蚀量的 80%以上（张宪奎等，1992）。

对于侵蚀沟来说，极端降雨事件比起平均降雨事件在其产生上更有主导作用（Zachar，1982；Morgan，2005），某次暴雨，将一次性冲蚀出许多侵蚀沟，这些侵蚀沟如不及时治理，沟头溯源侵蚀将使侵蚀沟加长，沟壁坍塌将使侵蚀沟加宽，沟底下切将使侵蚀沟逐步加深，这一过程的产沙量将产生巨大危害。

暴雨是侵蚀性降雨的主要降雨形式，气象部门规定 24 小时降雨量达到

50~100毫米为暴雨。但此标准不能作为土壤侵蚀的暴雨标准。黑龙江省水土保持科学研究所（卢秀琴等，1992）在宾县实验场和克山实验场设立标准径流区（无植被），利用97次天然侵蚀性降雨资料，根据黑龙江省的降雨特征（强度高、动能大、历时短、雨量集中）和土壤侵蚀程度，分析认为该区的暴雨标准为14.6毫米。而仅依靠克山4年24次天然侵蚀性降雨资料的统计分析，所得标准为13.9毫米（高峰等，1989）。

借鉴上述研究，综合侵蚀沟的特点，本书拟定降雨量17毫米为暴雨标准。本书主要采用两个极端降雨事件标准：第一个是年份常规的暴雨量标准，将其空间化如图5-4所示；第二个是20世纪1998年的特大洪水年的极端降水事件，1998年松花江上游的嫩江流域，6月上旬至下旬出现持续性降雨过程，部分地区降了暴雨。7月上旬降雨仍然偏多，下旬又出现持续性强降雨过程。8月上中旬再次出现强降雨过程，大部分地区出现了大暴雨，局部地区半个月的雨量接近常年全年的雨量。嫩江流域6~8月平均降雨量577毫米，比多年同期平均值多255毫米，偏多79.2%。松花江干

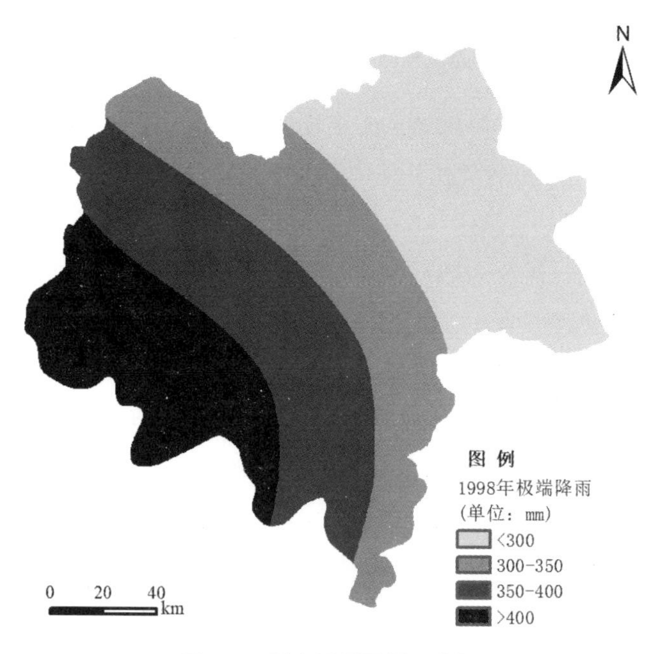

图5-4　研究区暴雨量示意图

流地区 6~8 月平均降雨量为 492 毫米，比多年同期平均值多 103 毫米，偏多 26.5%。这种强降雨加速了侵蚀沟的出现。野外调查中，当地水务工作人员和老百姓普遍反映 1998 年新形成很多侵蚀沟。根据研究区降雨资料将这个雨量进行量化后如图 5-5 所示。可以发现，研究区 1998 年极端降水与暴雨量有所不同，暴雨量与基本降水规律基本一致，而 1998 年极端降水呈现出自己独特的特点，降水基本是与常规降水趋势相反的。

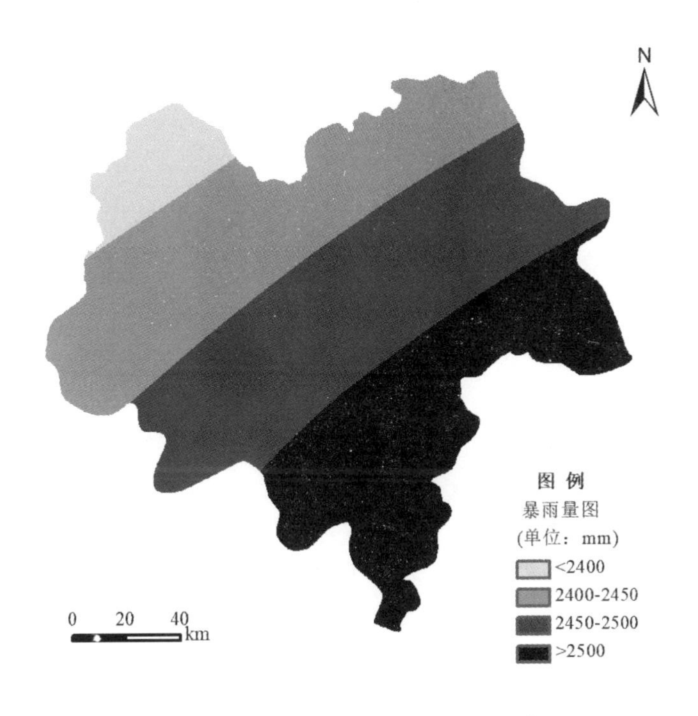

图 5-5　研究区 1998 年极端降水量示意图

4. 冻融作用的影响

东北地区是我国冬季气温最低的区域，日温差、年温差较大，冻融交替明显，作用时间长。春季解冻后的土壤疏松，抗蚀能力明显降低。黑龙江省水保所克山试验站 1998 年调查研究表明，土壤冻结过程中由于水分的不断增加和冻结，体积增大约 9%，由于冻土膨胀，常出现冻裂。克拜黑土区的浅沟和切沟都有平行于沟的裂缝，宽度达 10 厘米，深度达 120 厘米，裂缝靠沟壁边缘 30~100 厘米，这些裂缝在夏季土体融化时也不能复合，极易发生剥蚀。冻融侵蚀可使耕地中的沟壑每年扩张 50~100 厘米，加剧了侵蚀沟的发展（刘绪军等，1999）。

东北地区各地月平均最低气温均出现在 1 月，1 月均温全境都在-10℃以下，而极端最低温度几乎都在-35℃以下。因此，本书利用最冷月平均温度和极端最低气温两个指标来衡量冻融侵蚀的作用（见图 5-6、图 5-7）。可以发现，极端最低温和最冷月均温都是自南向北增加的，五大连池总是具有最低温。

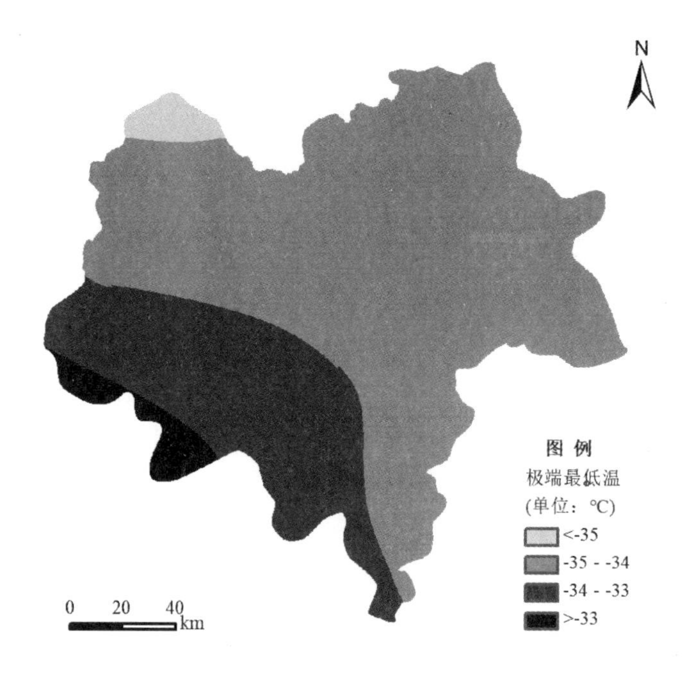

图 5-6 研究区极端最低温示意图

二、地形指标构建

地形因子对水土流失具有重要作用，自然界各地的地貌形态千差万别，但无论如何不同，都是通过构成地貌的基本要素——坡度、坡长、坡

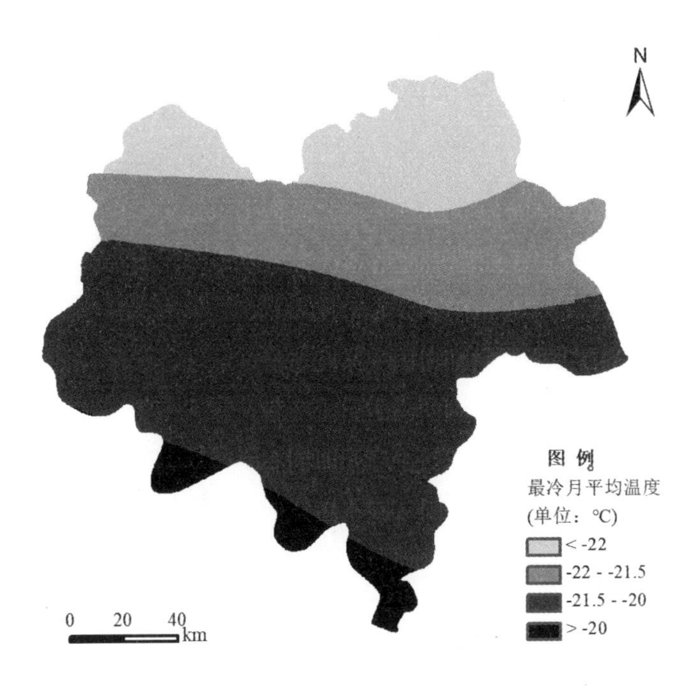

图 5-7　研究区最冷月均温示意图

形等空间组合影响土壤侵蚀。本书通过分析地貌学定量指标与水土流失的相关关系，分别提取影响侵蚀的微观地形因子和宏观地形因子。微观地形指标的确定是宏观地形指标确定及其定量分析的基础，是评价水土流失的重要基础；宏观地形指标的选取及地貌学分析、宏观指标与水土流失定量关系的建立在区域水土流失评价中同样具有重要的意义（焦超卫，2006）。本书中微观地形指标主要有坡度、坡向、坡长、地面曲率等，宏观地形指标主要有坡形、地形起伏度、地表粗糙度、地表切割深度、高程变异系数、河网密度等。

（一）坡度

坡度是决定降雨空间再分配和地表水流流向的重要地形因子，坡度不同，同样降雨量条件下，产生的坡面径流（水流切应力和流速）也有较大的不同，土壤的抗冲性也有所不同，将会导致不同的坡面土壤流失率。

本书采用数字化地形图后生成的高精度的 DEM，进行数据预处理后，运用 ArcGIS 中的水文处理模块得到研究区的坡度分布示意图（见图 5-8）。

从图 5-8 可以看出，整个乌裕尔河、讷谟尔河流域的坡度较为平缓，坡度基本都在 5°以下，个别地方可到 8°以上，其中 5°以下坡占到该区面积的 96.54%，3°以下坡占到 87.88%，说明该区坡度较缓。

图 5-8 研究区坡度示意图

（二）坡向

土壤的抗冲蚀能力主要取决于土壤的性质、植被覆盖情况和坡面的坡度等因素。坡向是通过影响地面水热状况和植被分布，从而影响土地利用类型和侵蚀强度的。坡向定义为坡面法线在水平面上的投影与正北方向的夹角。由于坡向不同，汛期暴雨风向、降雨侵蚀力、土壤水分、植被生长条件均存在差异，使土壤侵蚀方式和强度在不同坡向上存在明显的不对称性（陈浩等，2006）。依据表5-3，将研究区坡向图分成北（N）、东北（NE）、东（E）、东南（SE）、南（S）、西南（SW）、西（W）和西北（NW）八个坡向（龚建雅，2003），如图5-9所示。

表5-3　坡向分级

坡向	方位角	坡向	方位角
平坡	—	北坡	337.5°~22.5°
东北坡	22.5°~67.5°	东坡	67.5°~112.5°
东南坡	112.5°~157.5°	南坡	157.5°~202.5°
西南	202.5°~247.5°	西坡	247.5°~292.5°
西北坡	292.5°~337.5°		

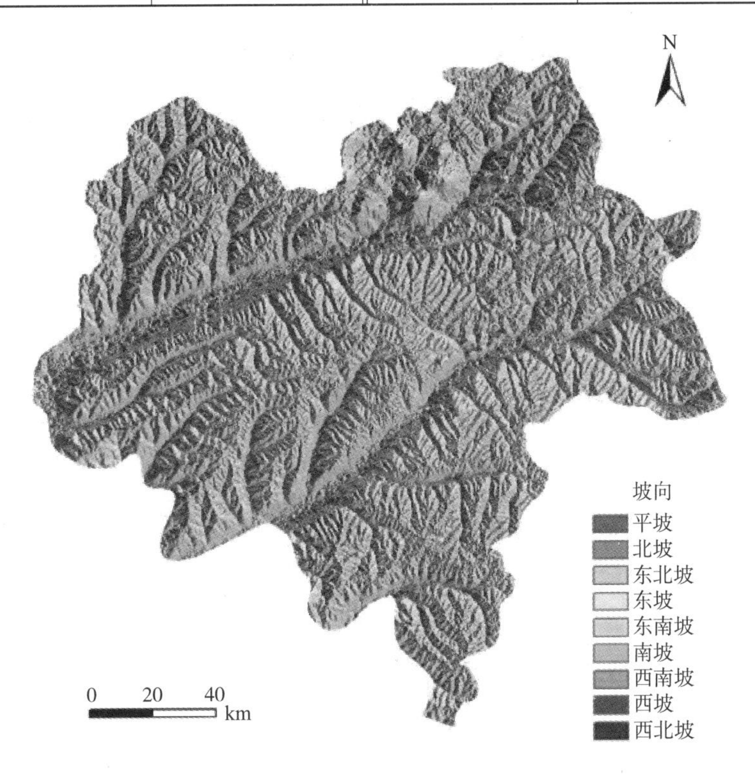

图5-9　研究区坡向示意图

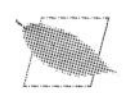

研究发现，研究区侵蚀沟在各坡向上分布具有分异，主要在东、东南、南、西南、西这五个坡向上分布较多，在北坡、东北坡、西北坡上侵蚀沟分布较少。

（三）坡长

坡长是水土保持、土壤侵蚀等研究中重要的地形因子之一。坡长通过影响坡面径流的流速和流量，影响水流挟沙力，进而影响土壤侵蚀强度。当其他外在条件相同时，物质沉积量、水力侵蚀和冲刷的强度依据坡面的长度来决定，坡面越长，汇集的流量越大，侵蚀力和冲刷力就越强。同时，坡长也直接影响坡面受雨面积、地面径流速度，进而影响对地面土壤的侵蚀力。

本书采用流量累计坡长的算法（周启鸣等，2006），具体的计算步骤如图 5-10 所示，流量累计坡长的算法是由 USLE 和 RUSLE 研究得来，其基本思想是用单位汇水面积取代方程中的汇水因子，计算公式如下：

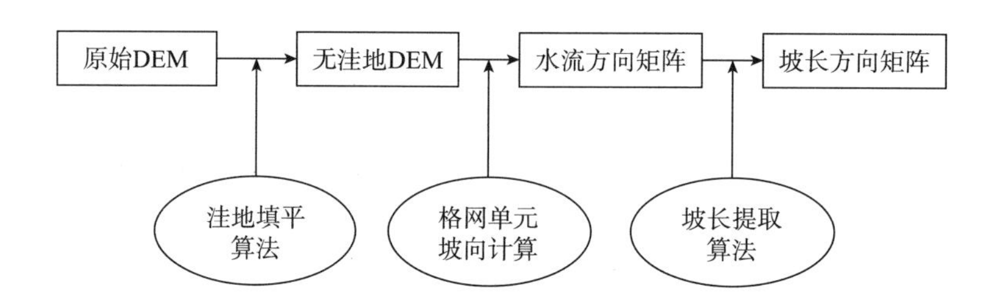

图 5-10　坡长计算方法

$$L_{i,j}=(m+1)\left[\frac{2A_{i,j}+g^2}{2gx_{i,j}(22.13)}\right]^m \tag{5-4}$$

式中，$L_{i,j}$为当前格网单元（i，j）坡长；g 为 DEM 格网间距；$A_{i,j}$为当前格网单元的上游汇水面积；m 为 USLE 中坡度坡长因子（LS）指数；$x_{i,j}$为当前格网单元的等高线长度系数，设当前格网单元的坡向为 $a_{i,j}$，有：

$$x_{i,j}=\cos\alpha_{i,j}+\sin\alpha_{i,j} \tag{5-5}$$

基于以上算法得到研究区的坡长，如图 5-11 所示。

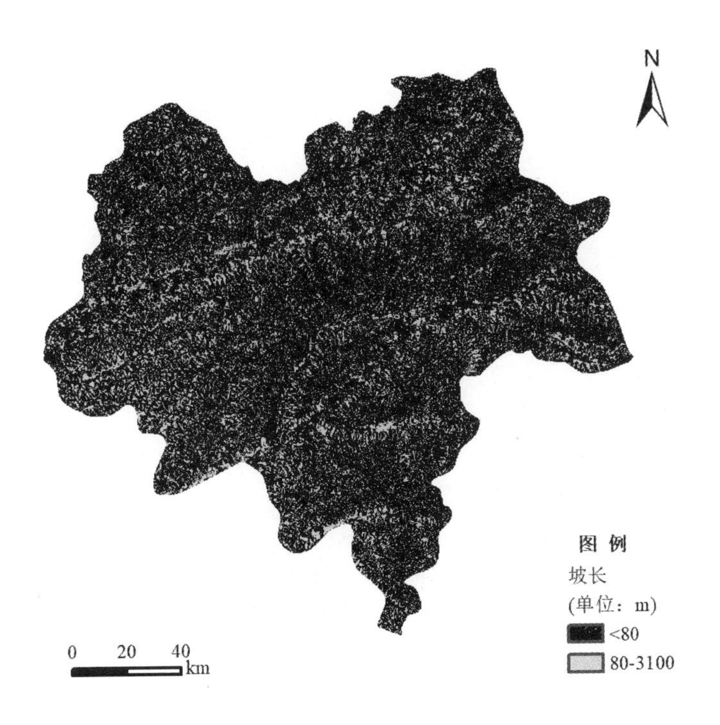

图 5-11　研究区坡长示意图

（四）汇水面积

上游汇水面积的大小对于侵蚀沟的形成具有重要的意义，较大的汇水面积会产生较大的径流，使径流集中、冲刷力增强。汇水面积较大这一特点使其容易产生侵蚀。在实际地形表面上，汇水面积是根据流向和流线分布的。本书利用 DEM 数据，对其进行填凹，计算流向，最终计算汇流累计量（见图 5-12）。可以看出，汇水量较大的地区为河流以及汇水线位置，而山脊线处汇流量很小。研究区大部分区域汇水量在 100 以下。

（五）坡形

坡形是指局部地表坡面的曲折状态。宏观上讲，一般可分为直线形斜坡、凸形斜坡、凹形斜坡和台阶形斜坡四种基本类型。从微观角度上，一般可采用地面平面曲率和地面剖面曲率因子度量地面表面一点的弯曲变化

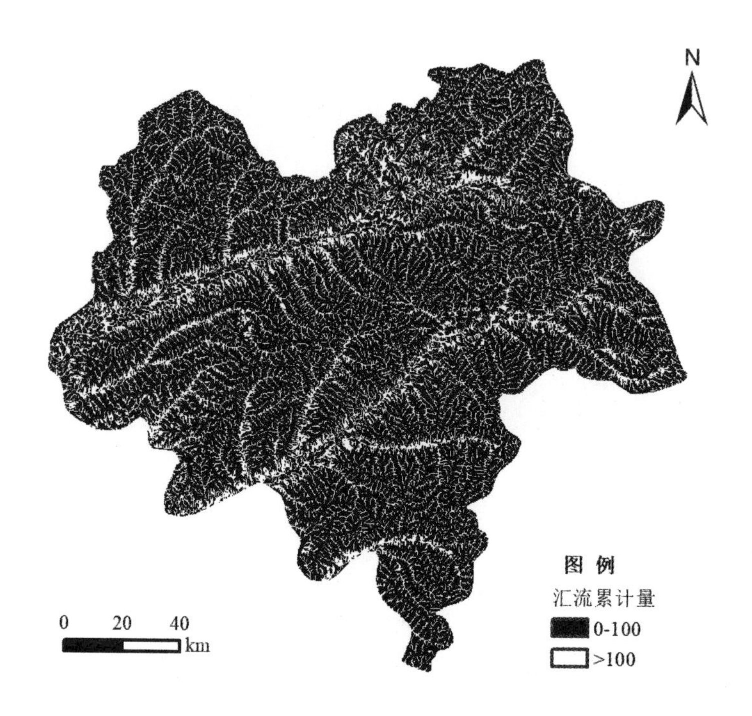

图 5-12 研究区汇流累计量示意图

程度。东北典型黑土区为起伏和缓的川岗地形，其基本的坡面形态为“S”形坡面（也称作凸凹形坡），即为上部为凸形坡和下部为凹形坡的组合形态，川岗坡面总带有一定的弯曲形态，真正的直形坡很少存在。

从宏观尺度上来讲，各坡形含义如下：

（1）直线形斜坡：从分水岭到斜坡底部地面坡度基本上不变。

（2）凸形斜坡：地面坡度随着距分水岭距离的增加而增加。邻近分水岭的地面平缓，以后随坡长的增加，坡度亦增加。

（3）凹形斜坡：斜坡上半部坡度较陡，下半部坡度较缓。此种坡形常以沉积为主，较多分布在山区与阶地平原接壤处或河谷的两岸。

（4）台阶形斜坡：台阶形斜坡是斜坡与阶地相间的复式，可以看作是凸形坡与凹形坡的组合。

自然界中的这几种坡形常常相互结合，形成一些复杂的坡面。如果一个坡面的坡形是稳定的、连续的，在 DEM 数据的支持下可利用窗口分析中的邻域分析法实现对不同坡面、坡向的自动获取。其公式为：

$$L = G_{i,\ j} - \sum_{k=1}^{n} G_k / n \tag{5-6}$$

式中，$G_{i,j}$为窗口中心栅格的高程值；$\sum G_k$ 为窗口中有效栅格的高程值之和；n 为窗口中有效栅格的个数。当 L>0 时，坡形为凸形坡；当 L=0 时，坡形为直形；当 L<0 时，坡形为凹形坡（见图 5-13）。

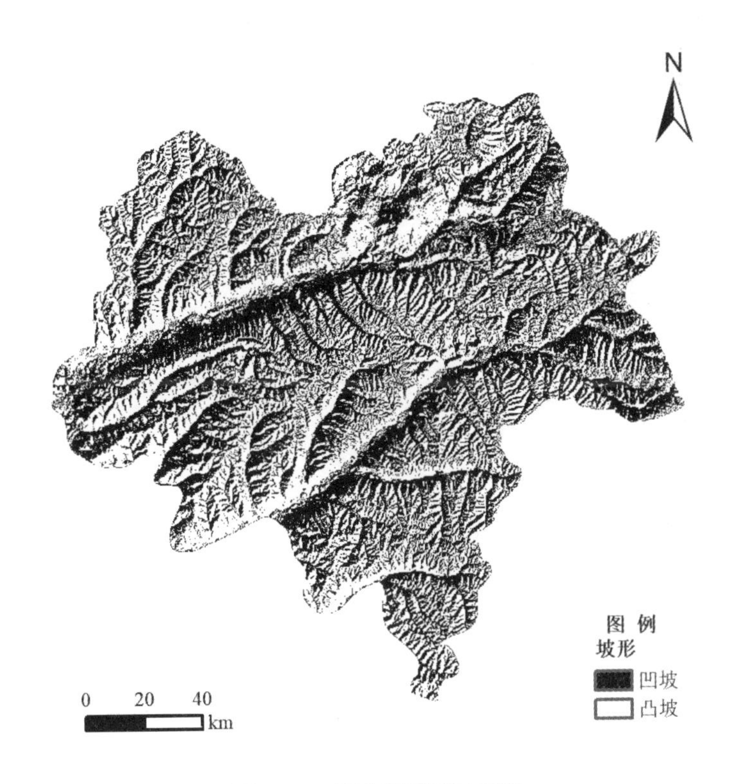

图 5-13　研究区坡形示意图

从图 5-13 中可以看出，研究区凹坡面积大于凸坡，其面积比例为 56%，凹坡多，说明研究区容易形成集中的股流，易于产生侵蚀。

（六）地面曲率因子

地面曲率因子是对地形表面一点扭曲变化程度的定量化度量因子，地面曲率在垂直和水平两个方向上分别称为剖面曲率和平面曲率。

（1）地面平面曲率，指地面任一点位坡向的变化率，反映等高线弯曲程度。平面曲率的变化是衡量制图综合取舍程度的一个重要量化指标（Wood J. D.，1996）。平面曲率的大小决定坡面水平方向的坡形变化，对区域地形有很好的指示意义，可以清晰表示出地形线，如沟底线和山脊线等。较大比例尺 DEM 可提取出沟脊线和沟谷线，是一个微观指标（见图 5-14）。

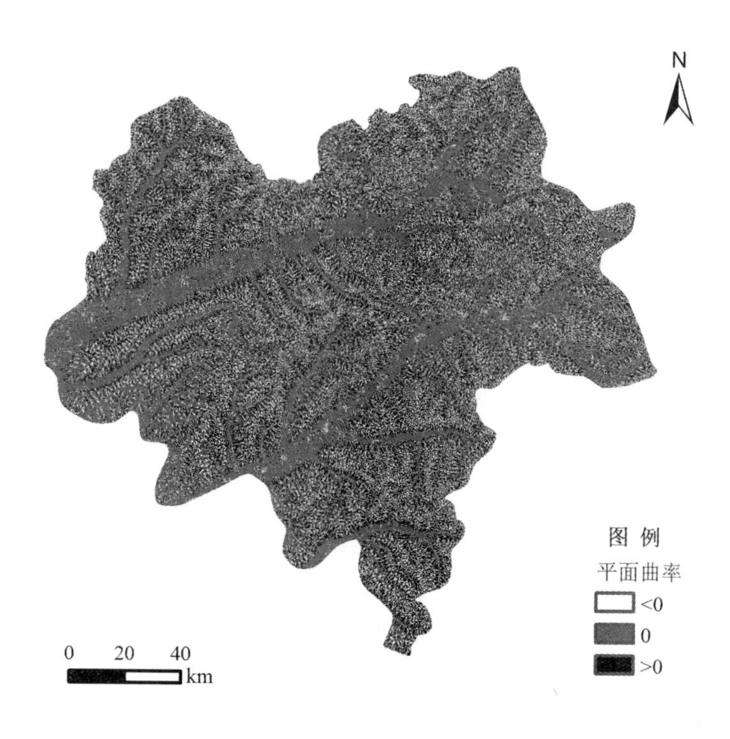

图 5-14　研究区剖面曲率示意图

（2）地面剖面曲率，指地面上任一点位地表坡度的变化率，也即高程变化的二次导数，反映地面坡度的变化。地面剖面曲率是影响垂直方向坡形变化的主要因子。在黄土丘陵区，剖面曲率是确定坡形以及提取诸如沟沿线、沟底线等地形转折线的重要定量地形指标，是一个微观指标（见图5-15）。

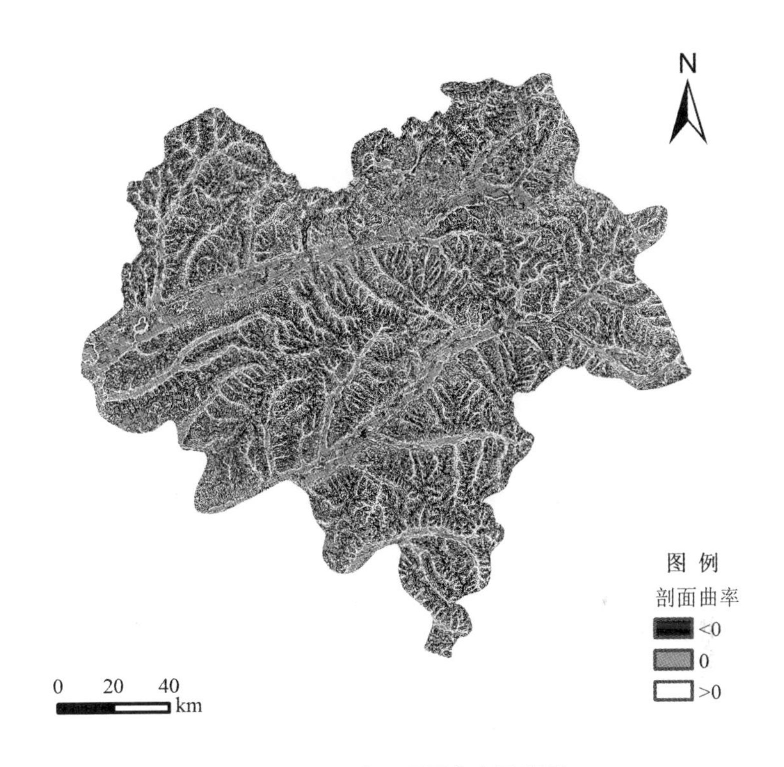

图 5-15　研究区平面曲率示意图

从图 5-14 和图 5-15 可以看出，乌裕尔河、讷谟尔河区域地面曲率为零，属于平坦区，为不易产生侵蚀的区域，同时不同区域之间平面曲率和剖面曲率会有不同，有些区域没有平面曲率，但是却有剖面曲率，这些都反映了地形的微变化。

（七）地形起伏度

地形起伏度是反映地形起伏的宏观地形因子，在区域性研究中，利用 DEM 数据提取地形起伏度能够直观地反映地形起伏特征。在水土流失研究中，地形起伏度指标能够反映水土流失类型区的土壤侵蚀特征，是比较适合区域水土流失评价的地形指标。其计算公式可表示为：

$$RF_i = H_{max} - H_{min} \tag{5-7}$$

式中，RF_i 为分析区域内的地面起伏度；H_{max} 为分析窗口内的最大高程值；H_{min} 为分析窗口内的最小高程值（见图 5-16）。

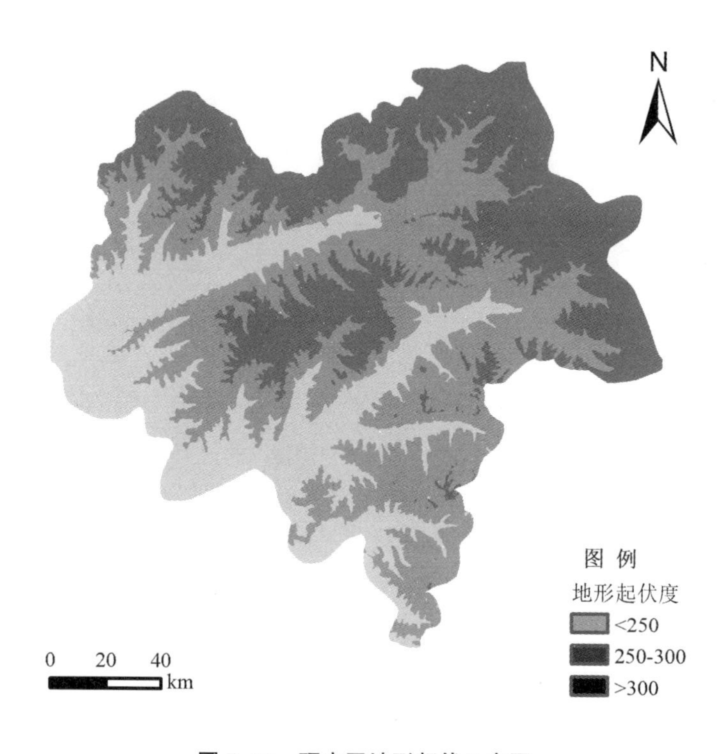

图 5-16 研究区地形起伏示意图

研究区总的来说起伏度不大，起伏度较大的地方主要在东北角的五大连池和北安境内，为低山丘陵区。

（八）地表粗糙度

地表粗糙度反映宏观区域内地面的破碎程度，与水土流失关系密切，一般定义为地表单元的曲面面积 $S_{曲面}$ 与其在水平面上的投影面积 $S_{水平}$ 之比。用数字公式表达为：

$$R = S_{曲面}/S_{水平} \tag{5-8}$$

地表粗糙度是能够反映地形的起伏变化和侵蚀程度的宏观地形因子。在研究水土保持及环境监测时地表粗糙度的研究具有很重要的意义。

实际应用时，可采用下面近似公式求解：

$$R = 1/\cos\alpha \tag{5-9}$$

式中，α 为提取栅格 DEM 的坡度，单位为弧度，计算公式为 α×3.14159/180，得到的地面粗糙度如图 5-17 所示。

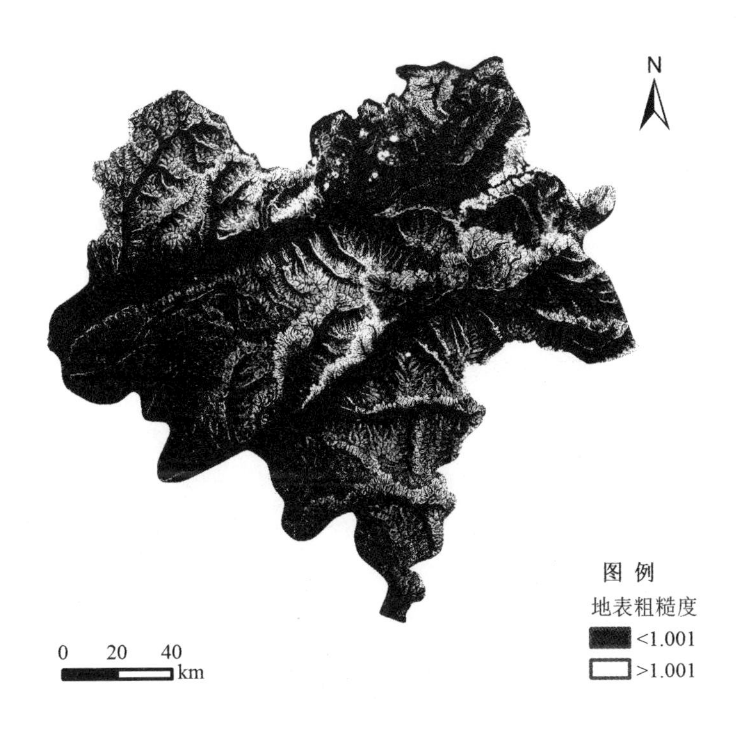

图 5-17　研究区地表粗糙度示意图

从图 5-17 中可以看出，地表粗糙度较低的地区，多为水域或者低洼地，海拔和坡度一般较低，地形较为平缓，因此不易产生侵蚀沟；而对于粗糙度很高的地区，地表的高粗糙度降低了地表径流的动能，也不容易产生沟蚀。

(九)地表切割深度

地表切割深度是沟壑在地块抬升为主导机制制约下,不断下切形成的。相对切割度越大的地区,位能越大,侵蚀强度也越强,因而流水、重力均极活跃。影响地表切割深度的主要因素有局部侵蚀基准面、土层厚度和基岩埋藏深度等。地表切割深度直观、定量化地反映地表被侵蚀切割的情况,也是研究水土流失及地表侵蚀发育状况时的重要参考指标。

地表切割深度是指地面某点的邻域范围的平均高程与该邻域范围内的最小高程的差值。计算公式为:

$$D_i = H_{mean} - H_{min} \tag{5-10}$$

式中,D_i 为地面每一点的地表切割深度;H_{mean} 为一个固定分析窗口内的平均高程;H_{min} 为一个固定分析窗口内的最低高程(见图 5-18)。

图 5-18 研究区地表切割深度示意图

从图 5-18 中可以看出，水域、沼泽以及河漫滩的地表切割深度都很小，几乎为零，这与实际情况也是一致的，山区的地表切割深度较大，主要是地势起伏较大。

（十）高程变异系数

高程变异是反映分析区域内地表单元格网各顶点高程变化的指标，它以格网单元的顶点的标准差 S 与平均高程 Z 的比值来表示，主要表示地形变异程度，公式为：

$$V = S/Z \tag{5-11}$$

式中，标准差 $S = 1/n\left[\sum_{k=1}^{n}(z_k - \bar{z})^2\right]^{1/2}$；n 为单元格网顶点数目（见图 5-19）。

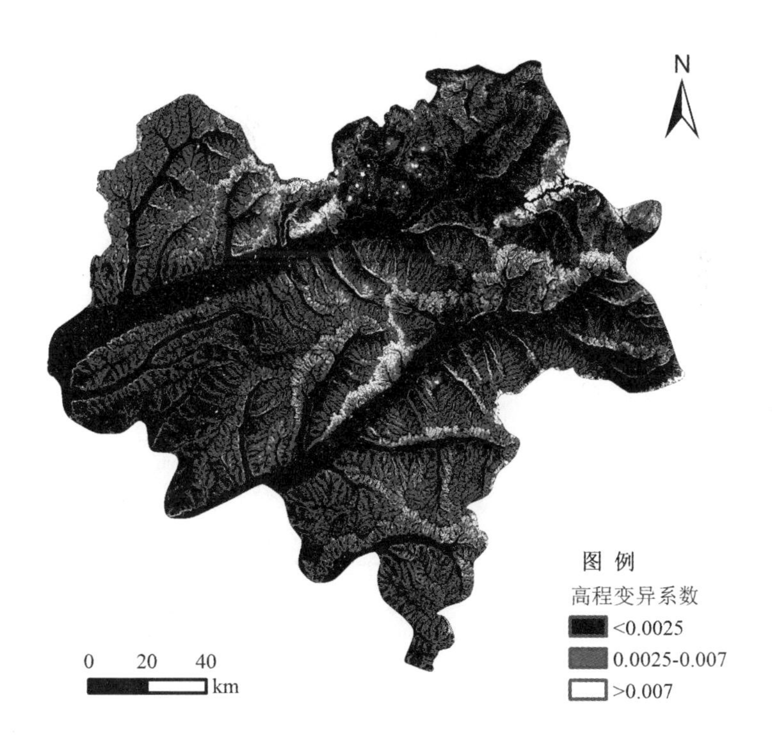

图 5-19 研究区高程变异系数示意图

高程变异系数一定程度上反映了高程变化的差异，可以衡量一个区域高程变化的剧烈程度。

（十一）河网密度

侵蚀沟由细沟、浅沟到切沟的发展过程构成一个完整的体系，地面流水必先经过它们，然后注入沟谷系统的各个环节，最终汇集到各级水系当中，因此，水系的分布对于侵蚀沟的形成与分布具有重要的影响，并影响到沟谷的发育。本书采用地面的河网密度反映地面被径流切割的程度，从而间接反映出区域土壤侵蚀程度。河网密度越大，地面越破碎，地表物质稳定性越低，越易形成地表径流，对土壤冲刷速度越快，沟蚀发展越迅速。

本书使用的水系数据来源于 1∶50000 地形图上提取的水系数据，利用此数据获取了研究区的水系密度分布示意图，如图 5-20 所示。从图中可以看出，乌裕尔河、讷谟尔讷河两河所在区水系密度较大，主要原因是这两条河的周围支流较多。

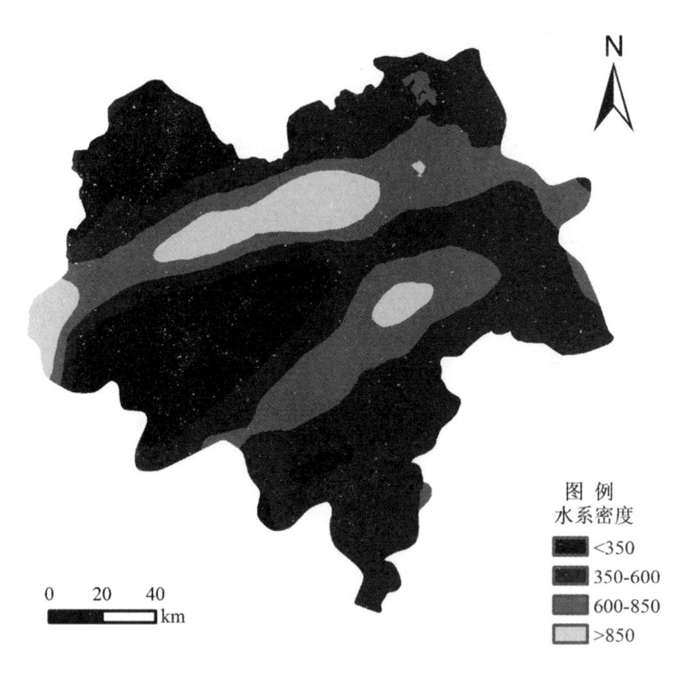

图 5-20　研究区水系密度示意图

三、植被指标构建

植被是陆地生态系统的主体，是控制或加速土壤侵蚀最敏感的因素。植被防治土壤侵蚀的作用主要表现在：地上植株部分对降雨的截流作用；枯枝落叶层对降低径流流速、增强土壤入渗和减少径流量的作用；植被根系对于固结土壤，增强土壤结构稳定性和提高土壤的抗蚀、抗冲性的重要作用。

在研究评价植被与水土流失关系过程中，常用的几个植被参数包括植被覆盖度、叶面积指数、植被冠层高度、有效根密度（唐克丽等，2004；张清春等，2002）。根据遥感获取植被信息的有效性，选取植被覆盖度（Coverage）、叶面积指数（LAI）和净初级生产力（NPP）作为相应的指标，来评价植被对于侵蚀的影响。

（一）植被覆盖度的获取

植被覆盖度是衡量地表植被状况的一个最重要的指标，是水土流失的控制因子之一，植被覆盖度的高低很大程度上决定着水土流失的强度（詹小国等，2001）。

随着航天遥感信息获取技术的快速发展，植被指数成为区域性及全球性植被覆盖估算和监测的主要技术手段，广泛应用于土地利用覆盖探测、地表植被覆盖密度评价、作物识别和作物预报等方面（朱连奇等，2003）。目前，采用植被指数提取植被覆盖信息，对植被的水土保持功能进行评价的研究较为成熟。常用于植被覆盖度遥感监测的植被指数有 NDVI、PVI、SAVI、MSAVI、TSAVI、GEMI、MVI 等。本书选择植被指数主要是从下面三个方面考虑的：①能充分反映出地表植被分布情况；②最大限度地排除大气等因素的干扰；③方便快捷，能满足实时操作的需要。基于此，本书应用 NDVI 植被指数进行植被覆盖度遥感反演。

植被归一化指数（NDVI）是植物生长状态以及植被空间分布密度的最佳指示因子，与植被分布密度呈线性相关。根据像元二分模型，一个像元的 NDVI 值可以表达为由绿色植被部分所贡献的信息 $NDVI_{veg}$ 与无植被覆

盖部分所贡献的信息 $NDVI_{soil}$ 这两部分组成，因此

$$f_g = \frac{NDVI - NDVI_{soil}}{NDVI_{veg} - NDVI_{soil}} \quad (5-12)$$

式中，$NDVI_{soil}$ 为裸土的 NDVI 值，即无植被像元的 NDVI 值；$NDVI_{veg}$ 为完全被植被所覆盖的像元的 NDVI 值，即纯植被像元的 NDVI 值。

在计算中由于噪声的存在，$NDVI_{veg}$ 和 $NDVI_{soil}$ 并不一定是 NDVI 的最大值和最小值，而是取给定置信度区间内的最大值和最小值。在实际应用中，植被类型随土地利用类型而变化。对某一土地利用类型，由于植被类型近似，其 $NDVI_{veg}$ 值也近似；而对特定土壤类型，其 $NDVI_{soil}$ 值也是一定的。因此，土地利用和土壤图可以作为计算 $NDVI_{veg}$ 与 $NDVI_{soil}$ 值的基础。

本书首先计算 NDVI 值，然后利用土地利用图和土壤图对 NDVI 图进行切割，分别提取不同土地利用和土壤类型单元内的 NDVI，针对每个单元计算 NDVI 值的频率累积值，最后根据频率累积表，土类单元内取频率为 1%的 NDVI 值为 $NDVI_{soil}$，土地利用单元内取频率为 99%的 NDVI 值为 $NDVI_{veg}$。

根据上述算法求取了研究区的植被覆盖度。其中，NDVI 采用 Landsat/TM 数据进行反演。考虑到时相问题，本书采用 2007 年 7 月 3 日轨道号为 11926、11927，2007 年 7 月 12 日轨道号为 11826、11827 的 4 景 TM 来计算 NDVI，据此求取雨季植被覆盖度，由于 11926、11927 两景 TM 面积占研究区面积的 99%，为使求算的覆盖度时相上一致，以这两景影像为主要数据源求算出研究区植被覆盖度（见图 5-21）。可以看出，研究区植被覆盖度较好地反映了研究区的植被现状，东北角是高植被覆盖区，此处为低山丘陵区，植被以乔灌木为主，植被覆盖好，其余大部分地区为耕地，由于在 7 月，种植的大豆、玉米覆盖度也较好。

（二）叶面积指数的获取

叶面积指数（LAI）是生态系统的一个重要结构参数，用来反映植物叶面数量、冠层结构变化、植物群落生命活力及其环境效应，为植物冠层表面物质和能量交换的描述提供结构化的定量信息，并在生态系统碳积

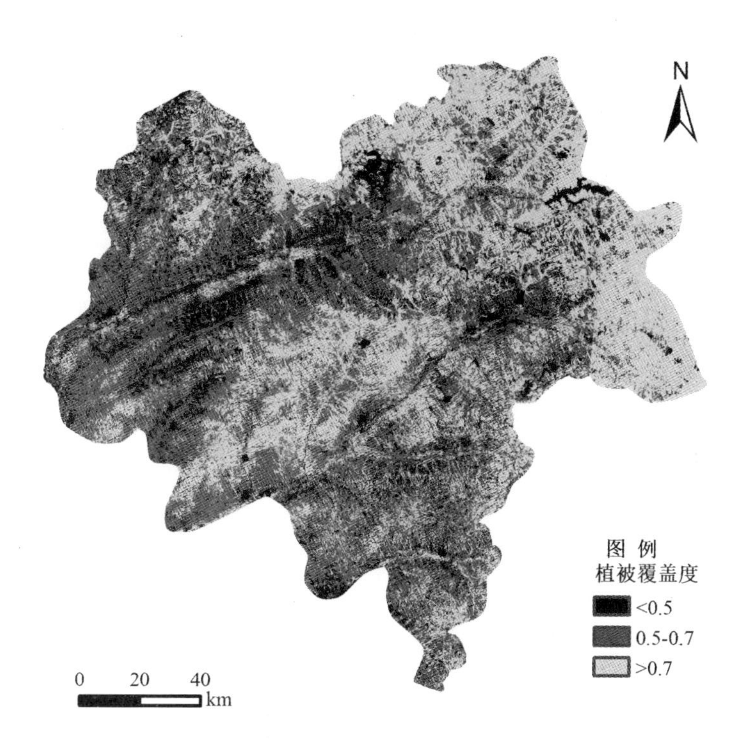

图 5-21　研究区植被覆盖度示意图

累、植被生产力和土壤、植物、大气间相互作用的能量平衡，植被遥感等方面起重要作用（王希群等，2005；巩合德等，2007；王希群等，2006；关德新等，2007）。LAI 不但可以直接反映出多样化尺度的植物冠层中的能量、结构，CO_2 及物质环境，还可以反映作物生长发育的特征动态和健康状况。同时，LAI 也与许多生态过程直接相关，如蒸散量、土壤水分平衡、树冠层光量的截取、地上部净初级生产力、总净初级生产力等（吴炳方等，2004）。

植被覆盖度与叶面积指数关系密切。叶面积指数是植被组分面积（每个单面面积）之和与植被在地面垂直投影面积的比值（李小文等，1995），即植被叶的层数（Gutman G. et al.，1998）。植被覆盖度可以理解为植被的水平密度，而叶面积指数则体现了植被的垂直密度（Gutman G. et al.，

1998）。两者均为最常用的植被指标。当前在 LAI 和土壤侵蚀之间的关系方面也有相关研究（王库等，2006；于东升等，2009），有的研究甚至得出 LAI 比植被覆盖度与土壤侵蚀的关系更密切（于东升等，2009），据此，本书将 LAI 作为衡量植被状况的一个因子。

目前的 MODIS 研究组已经提供了全球范围、时间序列上基本连续的 LAI 数据产品。本书利用美国 NASA 的 EOS/MODIS 提供的 1 千米分辨率 8 天合成的 MOD15A2 叶面积指数（LAI）数据，其中利用 2003~2007 年的数据获取了研究区的 1 千米分辨率 8 天合成的 MOD15A2 平均叶面积指数 LAI（见图 5-22）。从图 5-22 中可以看出，研究区叶面积指数大多在 6 以下，面积大约占 97%，其中 2~4 的面积比例为 65%，这也与该区主要土地利用类型为耕地有关。

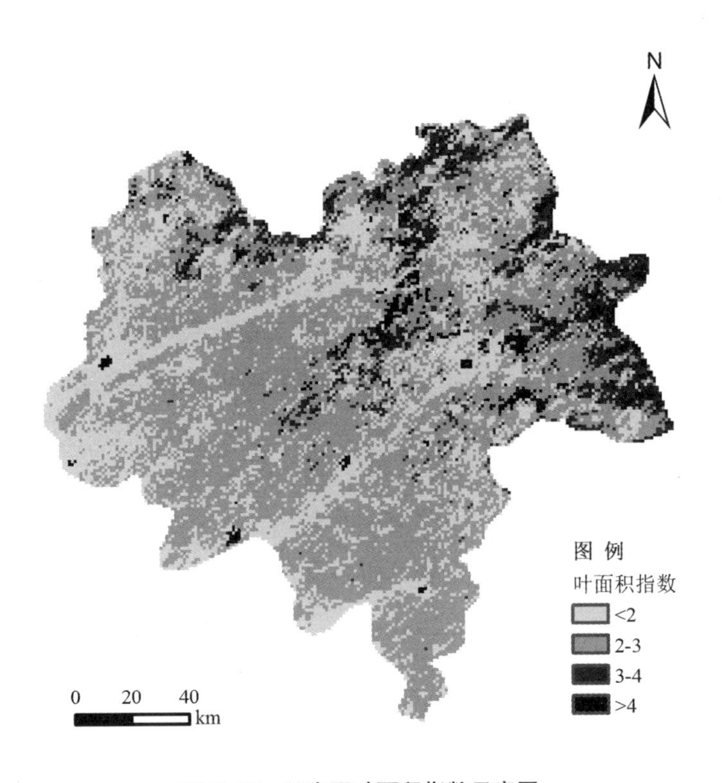

图 5-22　研究区叶面积指数示意图

（三）植被净初级生产力的获取

植被净初级生产力（Net Primary Productivity，NPP）是指绿色植物在单位面积、单位时间内所累积的有机物数量（Liu J. et al.，1999）。NPP作为地表碳循环的重要组成部分，不仅直接反映了植被群落在自然环境条件下的生产能力，表征陆地生态系统的质量状况，而且是判定生态系统碳汇和调节生态过程的主要因子（Field C. B. et al.，1998）。

NPP 的研究方法很多，有关学者从不同角度及学科对 NPP 的估算进行了深入细致的研究，取得了丰硕成果。当前估算 NPP 的主要模型有 Miami 模型、Thornthwaite 概念模型、Chikugo 模型、CENTURY、CARAIB、KGBM、SILVAN、TEM、BIOME-BGC、CASA、GLO-PEM、SDBM 等。随着遥感和计算机技术的发展，利用遥感模型进行 NPP 估算已深入到许多领域，使区域及全球尺度的 NPP 估算成为可能。本书采用 NPP 作为一种衡量植被生产力的指标，来表征植被对于侵蚀的影响。

本书所用的卫星遥感资料来自于美国 NASA 的 EOS/MODIS 2003~2006 年逐年合成的 MOD17A3 的 1 千米分辨率的全球陆地植被数据，获得了研究区 2003~2006 年的 NPP 平均值（见图 5-23）。从图 5-23 中可以看出，研究区最主要的 NPP 值是小于 $100gc/m^2/a$ 部分，这些区域主要是耕地分布区；其次是草地分布区，主要在 $100\sim200gc/m^2/a$；然后是林地，在 $300gc/m^2/a$ 以上，与该区的实际状况很吻合。

四、土壤指标构建

水是生命之源，土是生存之本。分布于地表的土壤不仅是侵蚀发生的场所，也是侵蚀泥沙的主要物质来源，土壤性质差异对侵蚀发生过程及其产沙量的多少有着极为重要的影响，是决定侵蚀过程和侵蚀强度的内部因素。土壤这种对侵蚀的敏感性或土壤受蚀的潜在可能性称为土壤的可蚀性，它是土壤对侵蚀的抵抗力的倒数。由于研究目的不同以及对土壤可蚀性研究的逐步深入，出现了许多不同的概念和术语。不过，总体而言国外用土壤可蚀性（Elision，1947），进一步分为可分离性和可搬运性。这种理

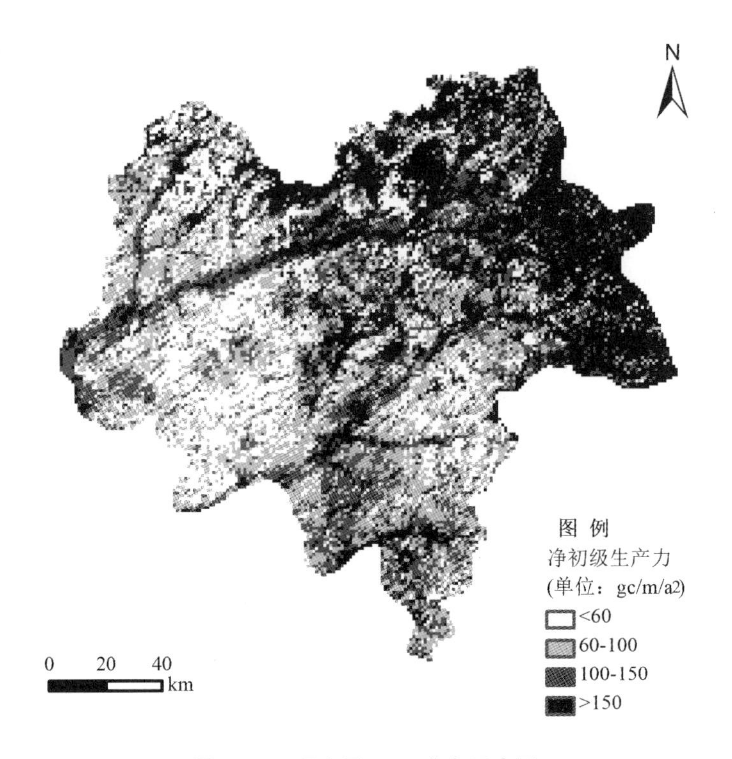

图 5-23 研究区 NPP 分布示意图

论认为，沙土的抗分离性差而抗搬运性强，黏土反之。我国一般称之为土壤抗侵蚀性，多用“抗冲抗蚀性”一词，并将其分为抗冲性和抗蚀性。抗冲性主要指土壤抵抗风、水等对土壤的机械破坏作用。而抗蚀性主要指土壤抵抗水对土粒的分散和悬浮作用。从土壤侵蚀机理考虑，土壤抗冲性和抗蚀性的划分具有重要意义。但从实验角度看，目前尚无法将抗冲性与抗蚀性分开，只是人为规定某些实验结果，一些是对抗冲性的评价和测定，而另一些是对抗蚀性的测定，因而不易用于土壤预报中。土壤可蚀性和抗侵蚀性从本质上讲并没有什么差别，只是一个问题的两个侧面：前者是指土壤对侵蚀作用的敏感性，后者是指土壤对侵蚀作用的抵抗能力。刘宝元等（1999）对近 60 年来土壤可蚀性研究工作进行了系统概括，将其分为 5 种方法：①土壤理化性质测定法；②仪器测定法；③小区测定法；④数学模型和图解法；⑤水动力学模型实验求解法。表 5-4 为总结前人的相关研究成果。

表 5-4　土壤可蚀性研究概括

提出者	可蚀性指数	方法
Middletton（1930）	分散率，侵蚀率	测定土壤的理化性质
Baver（1933）	分散率，渗透性指数	测定土壤的理化性质
Bouyoucos（1935）	黏粒率=（沙+黏粒）/黏粒	测定土壤的理化性质
Peel（1937）	渗透性，悬浮率，分散率	测定土壤的理化性质
朱显谟（1954）	土壤膨胀系数，分散速度	测定土壤的理化性质
Woodbum（1956）	团聚体稳定性，分散率	测定土壤的理化性质
朱显谟（1960）	净水中的土体崩解情况	测定土壤的理化性质
田积莹（1964）	分散率，侵蚀率，团聚度等	测定土壤的理化性质
Ekwue（1992）	土壤渗透性	测定土壤的理化性质
杨玉盛（1992）	侵蚀率，分散率等	测定土壤的理化性质
赵晓光（2003）	抗剪切度	测定土壤的理化性质
Voznesenskil（1938）	E=dh/a	水冲试验
Gussak（1946）	冲走 100 克土壤所需水量	水冲试验
Elision（1947）	土壤可分离性，可搬运性	水冲试验
朱显谟（1960）	水蚀穴的深度	水冲试验
唐克丽（1964）	土壤黏土矿物构成，微结构	水冲试验
Subbash（1978）	侵蚀系数 K	水冲试验
Bajracharya（1992）	团聚体稳定性，抗冲强度	水冲试验
蒋定生（1995）	可冲刷性系数	水冲试验
Amezketa（1996）	土壤结构，团聚体稳定性，剪切强度等	水冲试验
陈洪松（2000）	钠吸附比，土壤溶液中离子浓度	水冲试验
Olson，Wischmeier（1963）	标准小区上单位降雨侵蚀力所引起的土壤流失量	小区试验

续表

提出者	可蚀性指数	方法
Farres（1985）	水稳性团聚体的风干率	小区试验
周佩华（1993）	单位径流深所对应的土壤流失量	小区试验
Wischmeier，Mannering（1969）	土壤理化性质求回归方程或制诺谟	数学模型和图解法
Williams（1996）	EPIC 模型	数学模型和图解法
Laflen（1991）	WEEP 模型	水动力学模型实验求解法

虽然国内外学者对土壤水保特性进行了大量深入的研究，但是研究指标混乱，缺少统一标准，且各指标层次不清，相互独立，不成体系，没有系统化。本书在综合前人大量研究的基础上，考虑到资料的可用性，将反映土壤水土保持特性的指标组成一个体系，并分为三个层次，即微观的属性指标（土壤有机质）、中观的指示指标（土壤入渗速率）、宏观的综合指标（可蚀性 K 值），使指标间层次清楚，既有反映土壤某方面水保特性的中观指标，又有反映土壤综合水保特性的宏观指标，层次清楚、指标全面、整体和部分结合紧密。

（一）土壤有机质

土壤有机质是土壤形成的物质基础，也是土壤养分的主要来源。土壤有机质中腐殖质与钙结合生成了一种良好的胶结剂，能把分散的矿质颗粒牢固地胶结起来，成为水稳性团粒结构，使土壤抗蚀性提高。土壤抗蚀性试验证明（蒋定生等，1995；赵晓光等，2003），土壤有机质含量越高，土壤抗蚀性越强。换句话说，有机质是土壤团聚体形成的胶结物质，其含量的增加有利于土壤水稳性团聚体的形成，改善土壤结构。一般认为，土壤有机质可以增加土壤团聚体稳定性和改善孔隙状况，对防止土壤侵蚀具有积极影响。本书利用研究区各县的土种志、黑龙江土种志、黑龙江土壤志、中国科学院南京土壤研究所土壤分中心、中国土壤数据库、国家科技基础条件平台建设项目地球系统科学数据共享网（www. geodata. cn）综合获取了研究区的有机质分布示意图（见图 5-24）。

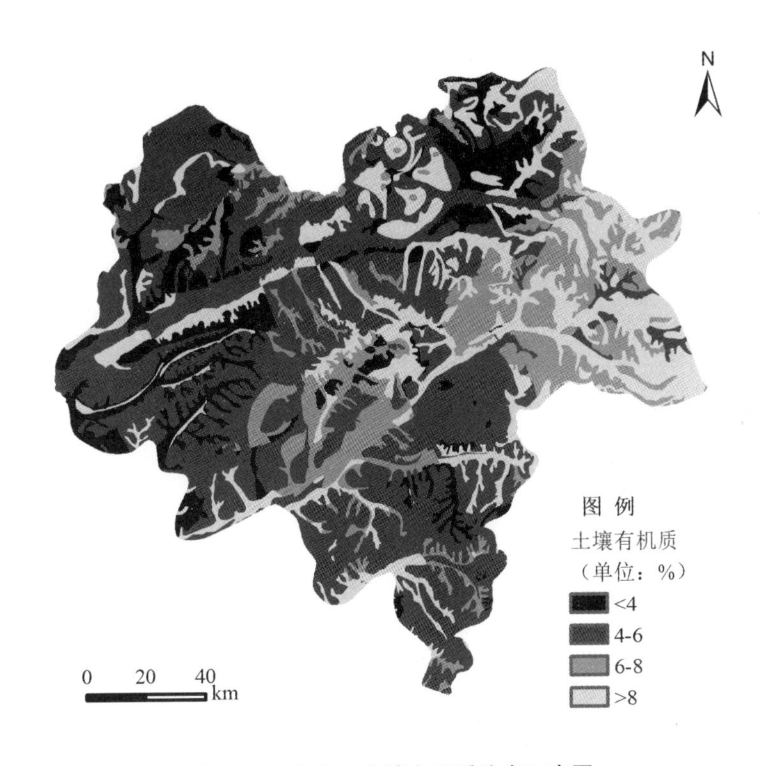

图 5-24　研究区土壤有机质分布示意图

（二）土壤渗透性

土壤渗透性是指土壤在重力作用下接纳和透过水分的能力，是描述土壤入渗快慢的极为重要的土壤物理特征参数之一。地表径流是土地侵蚀和搬运泥沙的主要动力。径流量的大小除受降雨特征和地形的影响外，土壤的渗透性能起主要作用。渗透性大的土壤，降水不易形成地表径流，侵蚀相对较弱；渗透性小的土壤，易形成较多径流，可能造成严重侵蚀。即土壤的渗透性能越好，土壤的可蚀性也就相应越弱，在同种状况下土壤的流失量也就相应越少，国内外许多学者的研究结论都是如此（Bruce et al.，1995；Wilco，1994；于东升等，1996；杨艳生等，1991）。近年来，许多专家建议将“增加土壤入渗、就地拦蓄降雨径流”作为防治土壤侵蚀的战

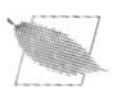

略决策（陈丽华等，1995；董三孝，2004）。因此，土壤对降水的渗透能力是影响土壤侵蚀的重要因素之一，是土壤水文效应评价的重要指标（刘霞等，2004）。

土壤渗透分级定义为土壤在潮湿条件下通过最受限制层传输水分和空气的能力（张鼎华等，2003；刘吉峰等，2006）。土壤剖面渗透率的分级是根据剖面最小饱和水力传导率的大小划分的（见表 5-5）（USDA，1951；刘吉峰等，2006）。剖面最小饱和水力传导率的计算则是根据 Saxton（2006）的研究成果，他通过土壤数据库的分析，研究了土壤质地和土壤物理属性之间存在的统计关系，其计算值和实测值有很好的拟合关系。只要输入土壤中沙粒、黏粒和有机质的含量，就可计算出饱和水力传导率，进而确定渗透性等级，据此获取研究区的土壤渗透性（见图 5-25）。

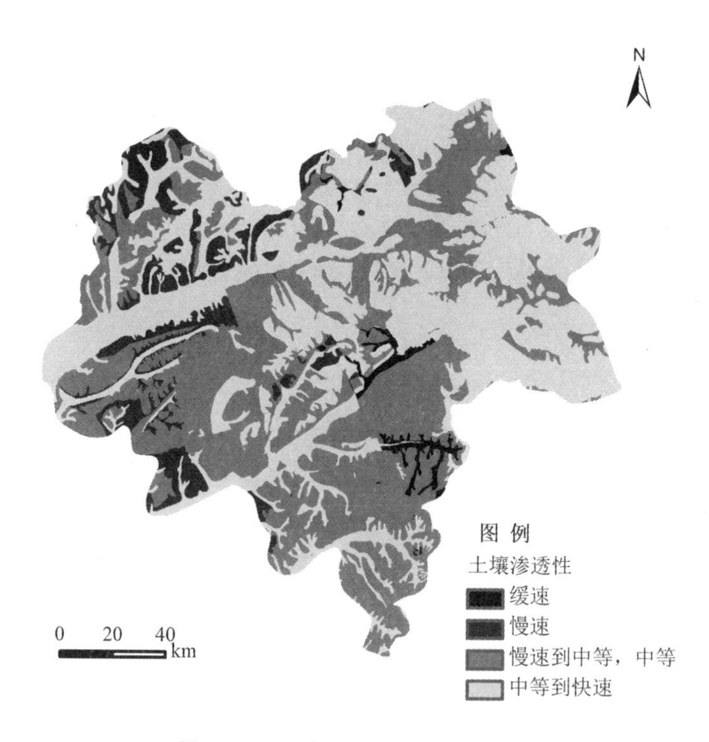

图 5-25 研究区土壤渗透性示意图

表 5-5 土壤渗透分级与最小饱和水力传导率

Cperm 值	1	2	3	4	5	6
级别描述	快速	中等到快速	中等	慢速到中等	慢速	缓速
饱和水力传导率（mm/h）	>150	50~150	15~50	5~15	1~5	<1

（三）土壤可蚀性因子的获取

当前，在土壤侵蚀方面的研究成果中，公认的具有世界性影响的是美国 Wischmeier 等（1963）建立的土壤可蚀性值（K）的确定方法。它是一个综合的指标，综合了土壤质地、机械组成、有机质等土壤指标。各国根据 Wischmeier 的研究相继开展了各地区的土壤可蚀性因子的研究。

可蚀性 K 值的大小表示土壤被冲蚀的难易程度，反映土壤对侵蚀外营力剥蚀和搬运的敏感性（刘宝元等，2001），是影响土壤流失量的内在因素。

在本次研究中，由于基础资料和数据少，考虑到计算结果的科学性和可操作性，本书采用由 Williams（1996）等在 EPIC（Erosion-Productivity Impact Calculator）模型中提出的土壤可蚀性因子 K 值的估算方法。土壤可蚀性是一种土壤特性，虽然在测定过程中，其量值与侵蚀营力（水力、风力和冻融）密切相关和交互作用，但它毕竟是反映土壤本身性质的一个特征值，不随外界因素的变化而变化。公式中的各项参数均依赖土壤自身的性质，针对某一种土壤而言，尽管计算结果的绝对量可能因侵蚀营力的差异而存在较大误差，但就区域尺度而言，侵蚀营力的特征与变化规律相对稳定，因此，采用此公式来评价不同土壤可蚀性的空间分布规律是可行的。

Williams 等（1996）在 EPIC 模型中土壤可蚀性因子 K 值的计算公式为：

$$K=\{0.2+0.3\exp^{[-0.0256Sa(1-Si/100)]}\}[S_i/(C_l+S_i)]^{0.3}\{1.0-0.25C/[C+\exp^{(3.72-2.95C)}]\}\{1.0-0.7S_n/[S_n+\exp^{(-5.51+22.9Sn)}]\} \tag{5-13}$$

式中，S_a 为沙粒含量（%）；S_i 为粉沙含量（%）；C_l 为黏粒含量

（%）；C 为有机碳含量(%)；$S_n=(1-S_a)/100$。

需要指出的是，在上述土壤可蚀性 K 值公式中，要求土壤颗粒分析标准是美国制，而第二次土壤普查中土壤颗粒分析采用的是国际制（全国土壤普查办公室，1998），因此存在一个国际制向美国制的转换问题（两个标准的粒径见表 5-6）。

表 5-6　土壤颗粒分析的美国制和国际制标准比较

美国制		国际制	
粒径（mm）	名称	粒径（mm）	名称
>2	砾	>2	砾
2～1	极粗砂	2～0.2	粗砂
1～0.5	粗砂	0.2～0.02	细砂
0.5～0.25	中砂	0.02～0.002	粉砂
0.25～0.1	细砂	<0.002	黏粒
0.1～0.05	极细砂	中国第二次土壤普查所使用的标准	
0.05～0.002	粉砂		
<0.002	黏粒		

对于土壤质地的转换，曾有不少尝试，即在半对数纸上先画出国际制的土壤颗粒大小分配曲线，然后查出美国制某一粒径的百分数含量（梁音等，1999）。此法的优点是鲜明直观，但是绘制曲线慢而繁，而且点与点之间的连接有一定的人为随意性。本书借助 SPSS 软件，应用 $Y=a\times\ln(P)+b$ 进行模拟，得出了每个土壤类型的转换方程。公式中，P 为粒径大小（单位为毫米），Y 是小于 P 粒径的累计颗粒含量百分数。以黑土为例，研究区第二次土壤普查资料中给出了各粒级的颗粒百分含量，将各粒级的颗粒百分含量换算成小于某一粒级的累计颗粒含量百分数，再将土壤粒级与累计颗粒含量百分数进行曲线拟合，得到如下对数曲线（见图 5-26），然后由图中拟合出的对数公式依次求算美国制砂粒（>0.05 毫米）、粉粒

（0.002~0.05 毫米）和黏粒（<0.002 毫米）的含量。

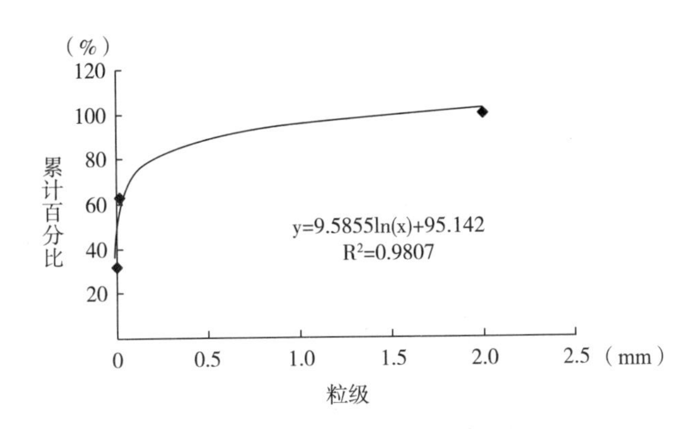

图 5-26　黑土壤粒径对数转换曲线

本书利用上述方法对研究区各种土壤类型的粒径进行了转换，转换的相关系数 R^2 都在 0.9 以上，有的甚至达到 0.99 以上，结果非常满意。根据研究区各县的土壤志、黑龙江土种志、黑龙江土壤志、中国科学院南京土壤研究所土壤分中心、中国土壤数据库 http：//www. soil. csdb. cn/、地球系统科学数据共享网获得了研究区各种土壤的机械组成、粒级含量和有机质含量，利用土壤可蚀性 K 值计算公式，确定出研究区不同土壤类型的可蚀性因子 K 值，同时经过向土壤方面的专家请教，将结果修正，得到土壤的可蚀性因子 K 值。利用土壤类型图层，将 K 值赋予相应的土壤类型，最后生成研究区土壤可蚀性 K 值分布示意图（见图 5-27）。

五、土地利用指标构建

土地是人类赖以生存和发展的物质基础，人类所需要的一切财富归根结底来自土地。近几十年来，随着人口的急剧增长和科学技术水平的提高，人类活动以空前的速度、幅度和空间规模改变着陆地环境，土地利用变化的速度明显加快，土地覆被格局迅速变化。土地利用/覆被变化改变了原有地表植被类型及其覆盖度、径流状况以及土壤的理化性质，从而影响了土壤侵蚀的发生、发展，成为影响土壤侵蚀的因素（Brierley and

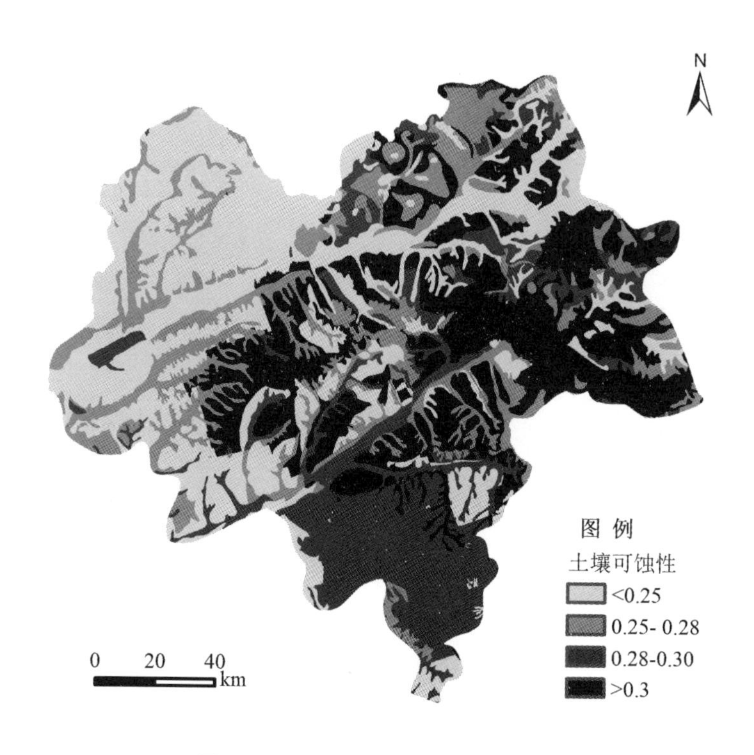

图 5-27 研究区土壤可蚀性示意图

Stankoviansky, 2003; Fu et al., 2000; Martinez-femandez et al., 1995; 柳长顺等, 2001)。影响土壤侵蚀的因素涉及气候、地形、土壤、植被等多个方面，其中森林砍伐、草地过牧、围湖造田、陡坡开荒等不合理的人类土地利用方式往往是发生土壤侵蚀的主要原因之一（赵文武等，2006）。土壤侵蚀作为土地利用/土地覆盖变化引起的主要环境效应之一（温志广，2003)，是自然和人为因素叠加的结果，不合理的土地利用和地表植被覆盖的减少对土壤侵蚀具有放大效应（柳长顺等，2001；邹亚荣等，2002），土地利用/土地覆盖变化与土壤侵蚀关系的研究逐渐成为 LUCC 研究和土壤侵蚀研究的一项新的重要课题。

（一）土地利用数据的含义

侵蚀沟主要分为自然历史条件和人为因素影响下形成的侵蚀沟，考虑到东北地区的土地开垦是近100年的事情，尤其是近50年对该区进行了大规模的开垦，因此可以认为林下侵蚀沟多是自然历史条件形成的，而对于耕地或建设带来的侵蚀沟应是人类不合理的土地利用导致，本书主要以高分辨SPOT数据为主要数据源来推演整个研究区黑土区的侵蚀沟发生分布，由于SPOT数据不具有穿透力，无法识别林下侵蚀沟，因此本书主要研究不合理的土地利用所产生的侵蚀沟。土地利用数据对于界定产生侵蚀沟的范围具有重要意义。图5-28为研究区的土地利用数据。可以看出，研究区主要的土地利用类型为耕地，约占70%，另外林地面积相对较大，约占9.4%，其余地类面积较小。

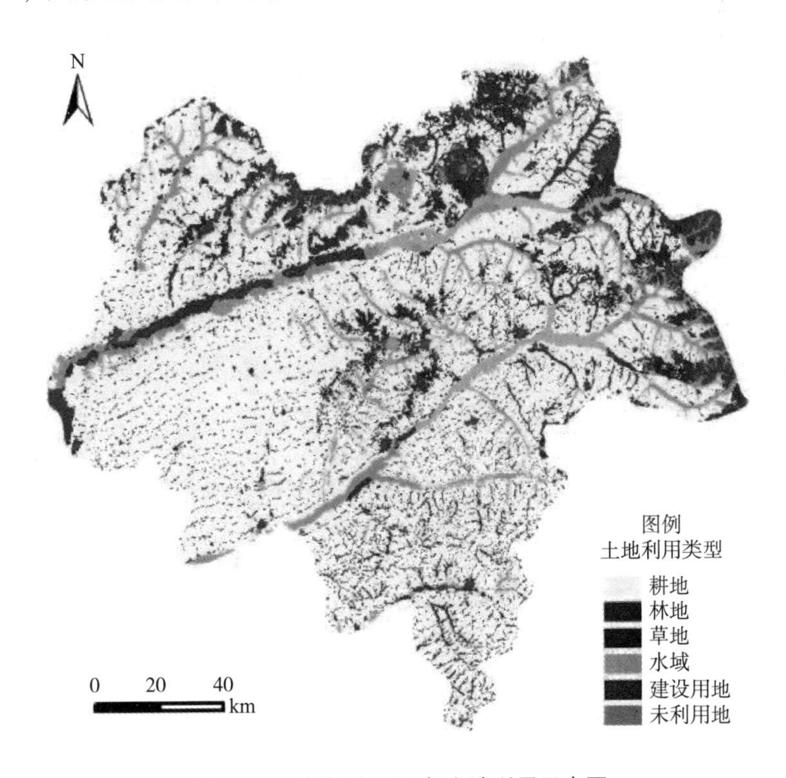

图5-28 研究区2005年土地利用示意图

（二）土地利用程度

研究土地利用程度的变化，可以进一步认识土地利用变化的发展程度和驱动力系统的作用方式。一般采用间接指标来衡量土地利用程度，如土地利用率（已利用土地面积/土地总面积）、土地垦殖率（耕地面积/土地总面积）等。本书参照刘纪远等（1996）提出的土地利用程度分级标准进行分级（见表5-7），选取土地利用程度综合指数来衡量研究区的土地利用程度。

土地利用程度综合指数是反映土地利用的广度和深度的一个指标。通过对土地利用程度综合指数的研究，我们不仅可以了解土地本身的自然属性，还可以了解人类活动因素与自然环境因素共同作用的综合效应，反映了人类对土地开发利用的尺度，人类活动强度越大，则指数越高。其计算方法为：

$$L_a = 100 \times \sum_{i=1}^{n} A_i C_i \quad (5-14)$$

式中，L_a 为土地利用程度综合指数，$L_a \in [100, 400]$；A_i 为第 i 级土地程度分级指数；C_i 为第 i 级土地程度分级面积百分比；n 为土地利用分级数。土地利用分级指数采用表5-7进行赋值。

表5-7　土地利用程度分级赋值

类型分级	土地利用类型	分级指数
未利用土地级	未（或难）利用地	1
林、草、水用地级	林地、草地、水域	2
农业用地级	耕地、园地、人工草地	3
城市聚落用地级	城镇居民点、工矿、交通用地	4

为了反映土地利用程度的空间变化趋势，本书运用GIS空间分析和土地统计分析功能，将研究区按10千米×10千米进行小区划分，采样方式采用等间距法；然后，根据2005年的土地利用数据计算各小区的土地利用程度综合指数，并对计算结果进行空间化，获取到研究区2005年的土地利用程度综合指数（见图5-29），同时考虑到土地利用变化对于侵蚀产生具有

重要影响，采用相同方法获取1954年的土地利用程度综合指数，据此获得了50年来的土地利用程度变化指数示意图（见图5-30）。

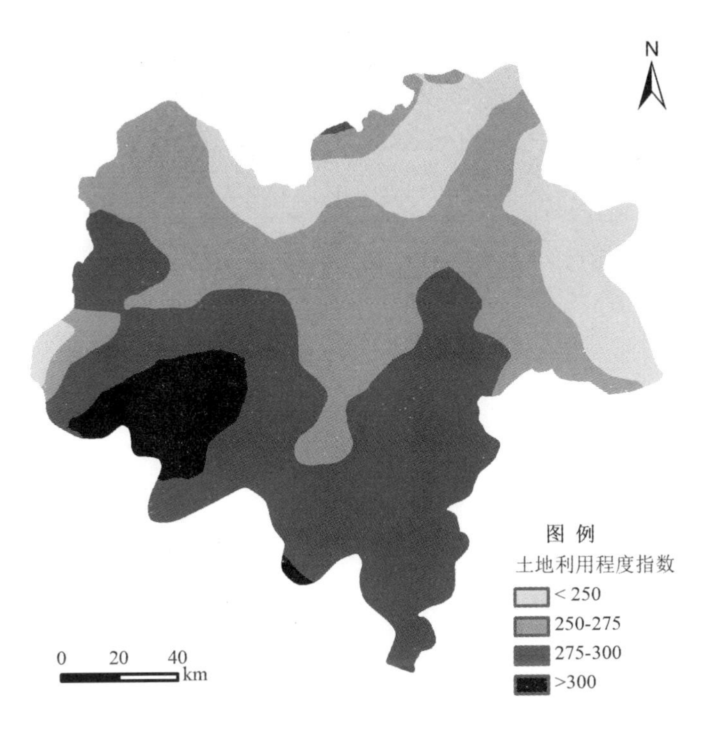

图5-29　研究区土地利用程度指数示意图

从图5-29可以发现，当前五大连池、北安境内的林地所在区土地利用程度较低，克山、拜泉、依安、克东、讷河等地区土地利用程度较高，而从图5-30变化程度来看，五大连池、北安、嫩江的土地利用变化程度较大，说明这几个地区土地开发程度较大。

（三）土地利用变化速度

土地利用随时间发生改变的速率一定程度上反映了人类活动的剧烈程度，表征了人类对于自然的影响，故引入土地利用面积变化率。选择的要素是时段内土地利用类型的动态度（也称土地利用类型动态度），来反映区域土地利用/覆盖中土地利用类型的变化剧烈程度（刘纪远等，2000）。

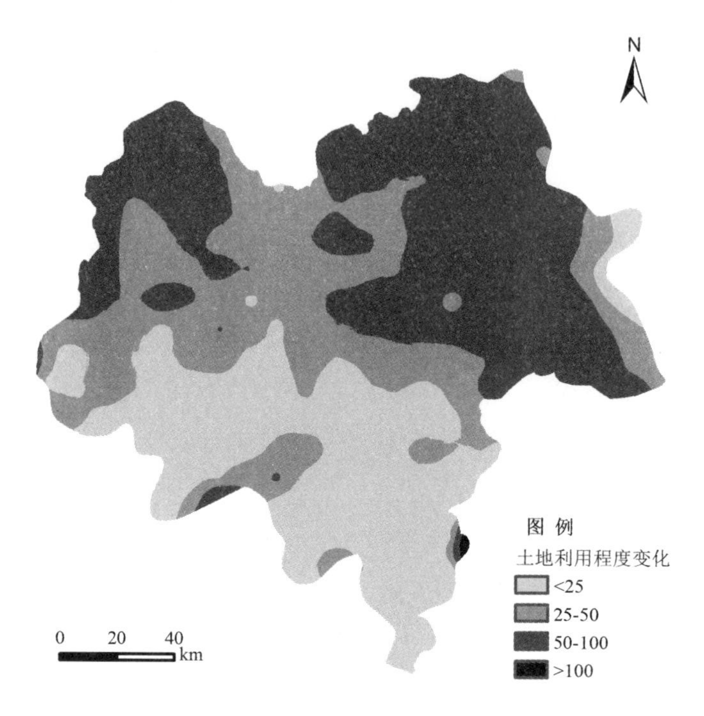

图 5-30　研究区土地利用程度变化示意图

该指标可以直观反映土地利用类型的变化幅度与速度，也能反映土地利用类型之间的变化差异，揭示土地利用变化的基本特征。土地利用面积变化率是指某一区域内单位面积上土地利用类型从一个时期到另一个时期发生的改变，这是一个年均变化率的概念，计算公式如下：

$$LTI_i = (K_{jb} - K_{ja}) / LA_i \times (1/T) \times 100\% \qquad (5-15)$$

式中，LTI_i 为土地利用类型 j 在某一空间单元 i 内的土地利用变化强度指数；K_{jb} 为研究末期土地利用类型 j 在空间单元 i 内的面积；K_{ja} 为研究初期土地利用类型 j 在空间单元 i 内的面积；LA_i 为空间单元 i 的土地面积；T 为研究末期和初期相间隔的时间（年）。与土地利用程度综合指数一样，也将研究区进行小区划分，进行空间化（见图 5-31）。

可以看出，土地利用变化速率近几十年来是自南向北增加的，主要原因是越向南本身土地开发得越早，随着时间的推移，人们开始向北行进，

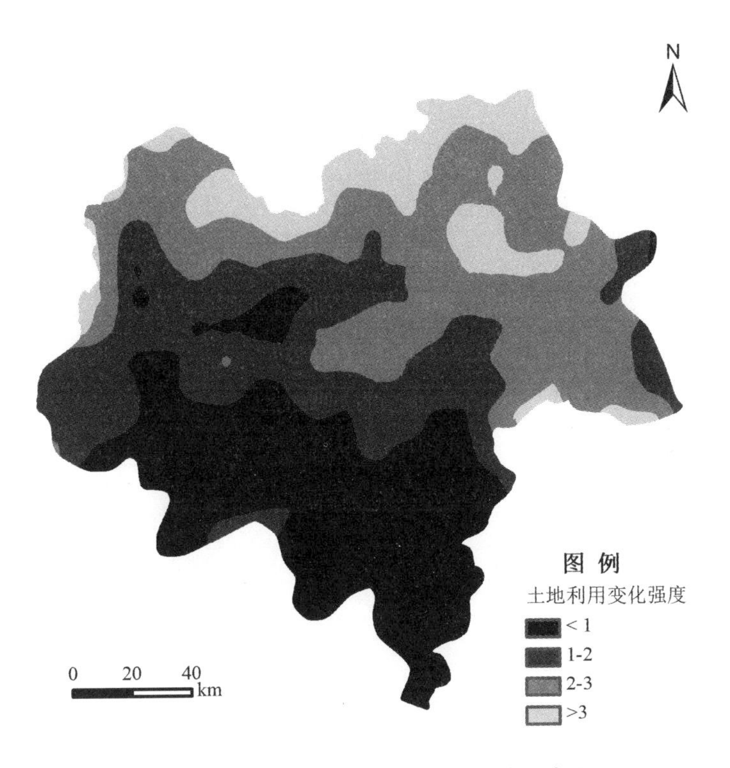

图 5-31 研究区土地利用面积变化率示意图

开发较远处的耕地，速度加快，因此导致北安、五大连池等地的土地利用速度较快。

（四）道路对于侵蚀沟的影响

道路的存在可能会降低侵蚀沟发育的临界条件，且道路的存在会汇集坡面漫流产生径流，同时改变流域的形状大小，使径流改道，将径流从一个流域输送到其他流域（Nyssen J. et al.，2002；C. Valentin et al.，2005）。一系列在不同环境下的侵蚀研究表明，道路的建设增加了沟蚀的风险性（Moeyersons，1991；Montgomery，1994；Wemple et al.，1996；Croke et al.，2001；Nyssen，2001）。研究表明，热带雨林地区收获季节的侵蚀产沙主要是由于修建道路进行木材托运带来的，收获过后的车辙如果不注意很容易发展成沟（Douglas et al.，2003）。但是当前这方面的研究还比较薄弱，定量化道路对侵蚀沟的影响对于侵蚀沟研究的意义十分明显。

本书采用路网密度这一指标（岳书平，2008），将道路对于侵蚀沟的影响进行定量化。首先，以研究区 1∶5 万地形图中道路为主，参考相关交通图以及研究区的 TM、SPOT 影像，获取了研究区的矢量交通图；其次，充分考虑不同等级道路对于侵蚀沟形成的重要程度，对不同等级的道路赋予不同的权重；再次，采用窗口移动法，计算单位圆内各类道路的长度之和，具体算法通过 AML 语言实现；最后，获取各窗口的道路密度，进行空间化，即得研究区路网密度示意图（见图 5-32）。

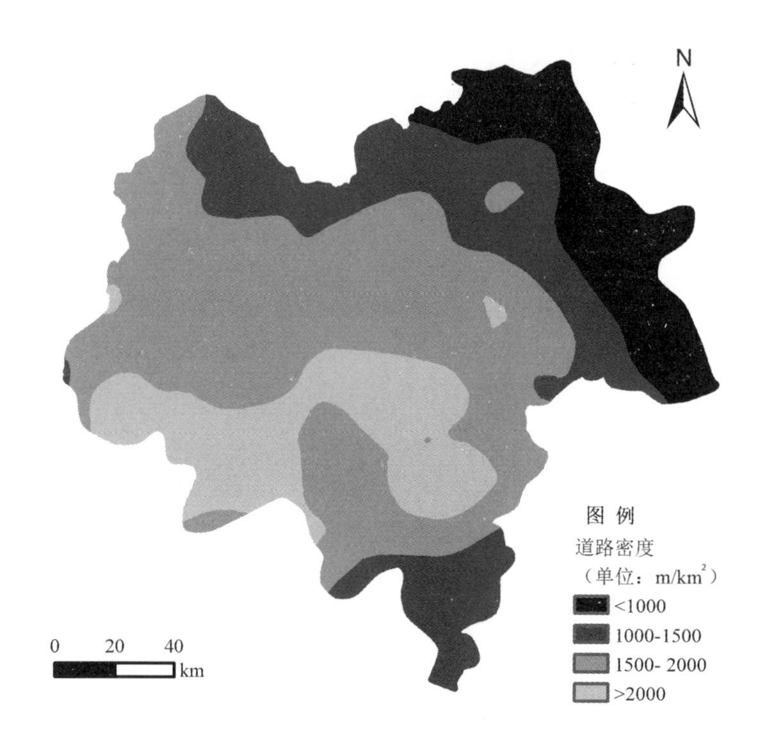

图 5-32　研究区道路密度示意图

（五）距居民点远近

本书选取侵蚀沟与距居民点远近关系作为影响侵蚀的另一个人为因素，距居民点的远近一定程度上反映了人类活动的剧烈程度，距离越近代表受到人类的扰动越大。居民点数据都是以 1：5 万地形图为参考底图进行数字化获取得到。本书根据 Eucallocation 命令生成研究区距离居民点的距离分布示意图，在此基础上统计距居民点远近情况（见图 5-33）。

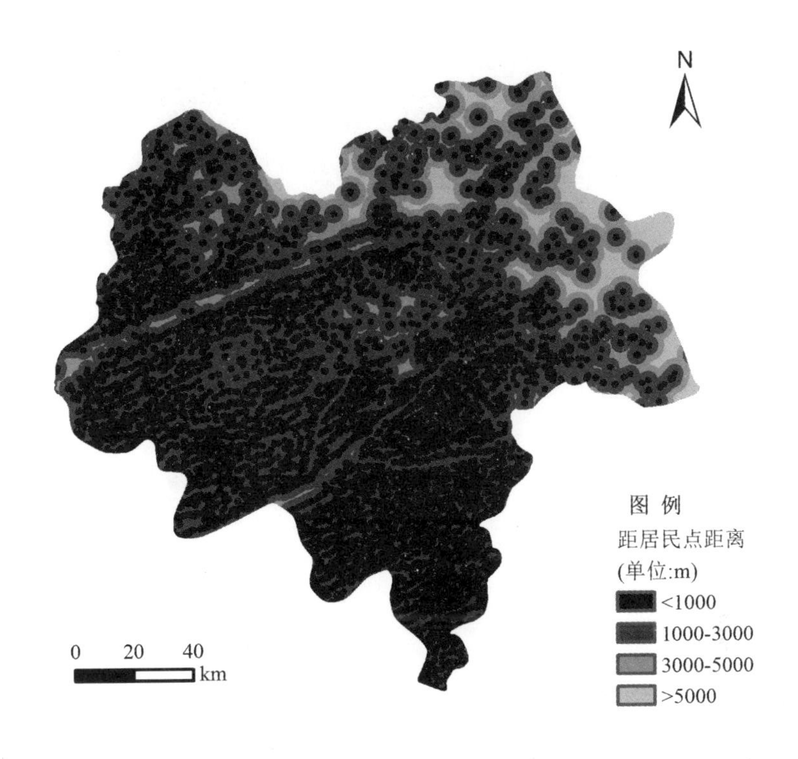

图 5-33 研究区距居民点距离示意图

（六）距水系距离

距离水系的远近程度一定程度上反映了人类活动的强弱，人类在发展过程中一般是逐水草而居，这是因为离水系近易于耕种和生存，世界各国的文明起源地一般都是大江大河，也正说明了这一点。因此，可以认为距水系的远近反映了人类活动的影响程度。本书根据 Eucallocation 命令生成距离水系点的距离分布示意图（见图 5-34）。总的来说，研究区水系较为发达，约 70%的区域在靠近水系 1000 米处的区域。

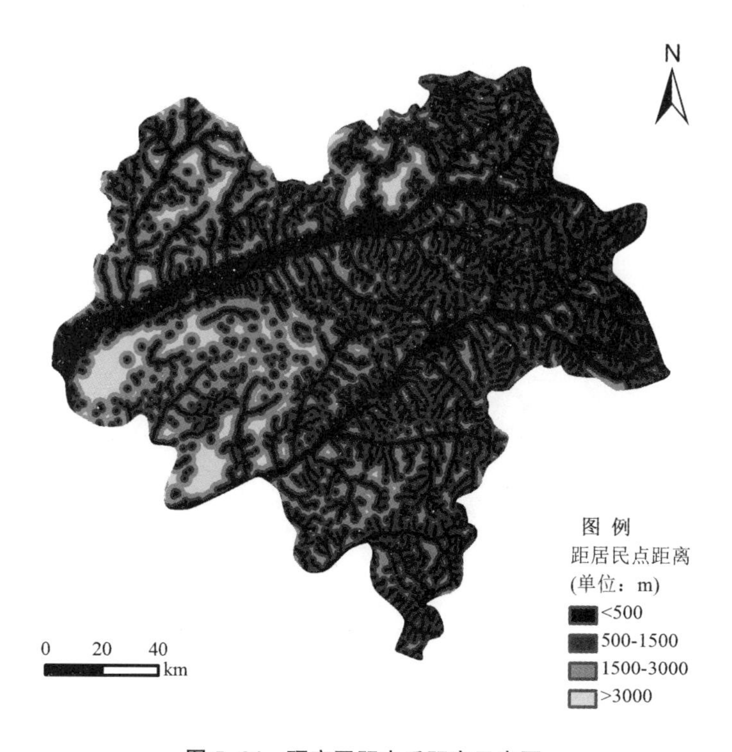

图 5-34 研究区距水系距离示意图

（七）土地相对开垦年限

土地利用对侵蚀沟的影响还表现在开垦年限上，开垦时间越长，代表人类对土地的利用和改造越剧烈，相应地，认为人类对其影响越大，考虑到当前东北地区主要是靠天吃饭，对于土壤的养护较少，因此可以认为开垦时间越长，土壤质量受损越严重，因此获取土地开垦年限对于侵蚀沟的合理评价具有重要意义。本书对于开垦年限的获取主要是以 1954 年、1975 年、1986 年、2000 年、2005 年的土地利用数据为主要数据源，参考研究区土地利用相关的文献资料和历史资料，以及各地相关的县志和统计年鉴，获取到一个相对开垦年限（见图 5-35）。可以看出，典型黑土区的土地开垦年限都较长，在 50 年以上，越往北山区开垦时间越短，而这部分区域毁林开荒、长时间的耕种，加之不合理的土地利用，导致水土流失也较严重。

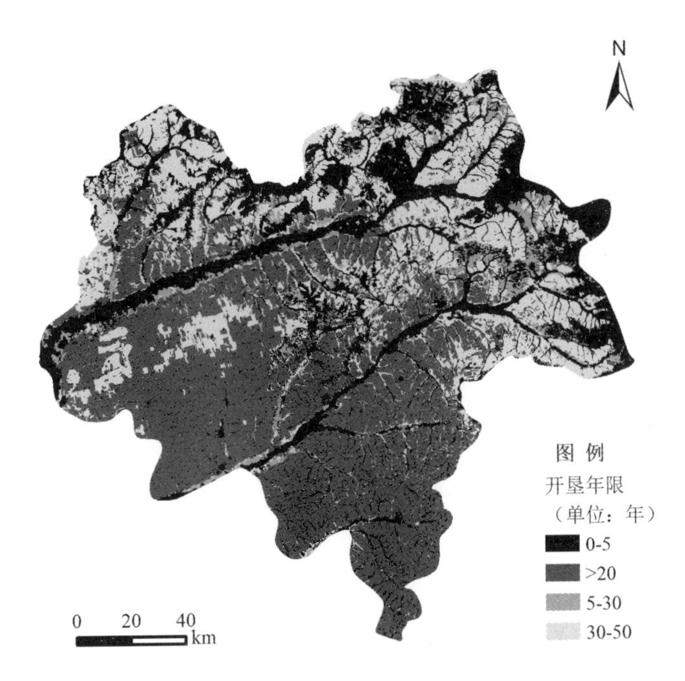

图 5-35　研究区土地相对开垦年限示意图

本章小结

本章从影响侵蚀沟的主要因子——气候、地形、土壤、植被、土地利用 5 个大的因子出发，以遥感和 GIS 为基础，针对数据可用性，从上述不同因子角度，合理地选取衡量侵蚀的子指标，力求达到选择指标的科学、全面、准确，为接下来的沟蚀发生风险评价模型的构建奠定基础。

第 六 章

基于SA地貌临界模型的沟蚀发生预测探讨

第一节　地貌临界关系理论基础

一、沟蚀发生的地貌临界的由来

沟蚀研究是土壤侵蚀研究的主要内容之一，地貌临界理论作为地貌学中的重要理论在沟蚀研究中得到了广泛的应用。沟道的产生是由作用在沟头上的动力过程所控制，这些过程包括表面漫流、地下水导致的渗流和潜蚀以及块体塌陷或崩塌等（Dietrich et al.，1993），而地形地貌特征又会影响到表面径流、地下水运动、土壤水饱和区域的发生、土壤水含量分布以及土壤水流动等（Beven K. J. et al.，1979；Moore I. D. et al.，1986；Prosser I. P. et al.，1996），因此，可以通过对地貌特征的了解来认识沟道系统，甚至用地形特征参数来指示沟道的形成（Thome et al.，1986）。

对于地貌在侵蚀中的作用，Horton（1945）首次将地貌的潜在重要性加以量化，确定了产生沟道的临界坡长的概念，所谓临界坡长就是坡面上过渗产流产生的剪切力刚好大于地表的抗冲刷能力的地面坡长，流域系统这一地貌特征可以看作是地表抵抗线状水流侵蚀的一种量度。在这一概念的基础上，Schumm 等于 1956 年提出了“沟道维持常数”的概念，也就是指能够使沟道得以发展的最小面积，相当于临界面积的概念。

对于沟蚀，Schumm 等早在 1957 年就已经指出流域地貌特征对于不连续切沟和冲沟发展的重要作用。他们的研究发现，不连续切沟通常形成于谷底最陡的部分（Foster et al.，1983）。切沟和冲沟的形成位置的大小受控于有足够量组级或持续时间的线状表面径流（Vandaele，1995）。一般认为浅沟、切沟和冲沟侵蚀与临界剪切力有关（Foster，1986；Rauws，

1987；Govers，1990），而剪切力又主要由水流流量和坡度决定（Rauws et al.，1988；Torri et al.，1987）。在超渗产流为主导的地形条件下，一般认为径流量与流域面积成比例增加（Leopold et al.，1964），由此可将剪切力与地貌因素相联系。

在用沟头坡度（S）和沟头上方汇水面积（A）来建立产生切沟地貌临界关系的学者中，Brice（1966）和Patton（1973）算是较早的。Brice收集了美国内布拉斯加州的坡度（S）和汇水面积（A）数据，Patton则收集了美国科罗拉多州西北部这方面的数据，因为在特定的气候条件下和特定的土地利用状况下，这两个因子决定了径流剪切力的大小。若气候条件、土地利用状况特定，则影响径流剪切力大小的降雨因素、土壤属性、植被覆盖等在该区域趋于一致，那么该区域各处径流剪切力大小的不同主要通过地形来反映。某处上游汇水面积的大小决定了径流量的大小，而坡度决定了径流的速度，径流量和径流速度一起决定了径流剪切力的大小。

通过对这些数据的分析，Patton和Schumm（1975）研究发现，S和A之间存在反向趋势并提出用分散数据的下限作为临界S-A关系来确定不稳定谷底。之后Begin和Schumm（1979）又在这方面做了努力，通过改进方法，利用水流的水力半径（R）和流量（Q）以及流量（Q）和流域面积（A）的经验关系来替代原先公式中水力半径（R），建立了基于坡面漫流的临界剪切力的S-A临界关系，把流域面积和坡度作用融合为一个剪切力指标，用以表示谷底的不稳定性，得出：

$$S=aA^{-b} \tag{6-1}$$

式中，S（单位为米/米）为沟头地面坡度；A（单位为公顷）为上游汇水面积；a、b是系数，为无量纲值，表示相对面积指数（Vandaele et al.，1996）或相对剪切力指标（Begin et al.，1979）。根据临界理论，只有

$$S>aA^{-b} \tag{6-2}$$

时才有可能出现沟道，上式即为沟蚀研究广泛使用的地貌临界模型。

二、地貌临界模型的含义

在侵蚀沟发育地貌临界模型 $S=aA^{-b}$ 中，b的值对侵蚀沟发育时的侵蚀过程有着重要的指示意义。b值代表相对面积指数或相对剪切力指标，一般来说，其中负值代表侵蚀是由坡面流产生，而正值代表侵蚀是由地下过程产生（Montgomery et al.，1994），主要是与超渗产流和滑坡、崩塌作用有关（Vandekerckhove et al.，2000）。当前对于不同地区进行研究得出的b值大小指示相关意义有所差异，Montgomery等（1994）做出的研究表明b值小于0.5代表侵蚀是由坡面漫流带来，Vandekerckhove等（2000）认为b值在0.2~0.3代表侵蚀是由坡面漫流带来，Vandekerckhove等（2000）和Vandaele等（1996）研究表明b值小于0.2正常的解释是地下过程和滑坡带来侵蚀沟。Morgan（2005）总结得出，当值大于0.2时为坡面漫流带来的侵蚀，小于0.2为地下过程在起主导作用。b值在理论上代表着汇水面积的相对重要性，它主要受到诸如气候、土壤、主导径流过程、降雨特征、植被等土地利用状况的影响。在坡度一定的前提下，一般从湿润气候到干旱气候，产生同样径流能量需要的汇水面积逐渐变大；地下径流过程的加入使产生等同径流能量的汇水面积变小，如果是以块体运动和崩塌等为主，b值甚至可以变为负值，即意味着S-A关系为正相关关系；低频高强降水使更小的汇水面积就可以产生同样的径流能量；良好的植被一方面可以缓冲降水对地表的冲击，另一方面还可以增加土壤抗蚀性及降水入渗，从而减少地表径流，因此，产生同样的径流能量就要更大的汇水面积（胡刚等，2006）。而a值代表着沟蚀发生所需的临界值，其反映了研究区本身的特征以及用于评估A和S的方法（Vandaele et al.，1996；Poesen et al.，2003）。在特定的气候条件下和特定的土地利用状况下，在地面某点指定一个坡度值（S），则存在一个临界的上游汇水面积（A）以使该点发生切沟侵蚀，若该点坡度（S）变陡，则上游汇水面积的临界值（A）相应地变小（游智敏，2005）；而当坡度一定时，一般情况下，切沟下切形成时所需的临界面积要比浅沟大。在假定其他因素相同的情况下，小侵蚀形态只需较小的汇水面积就可以形成，而发育切沟则需要相对更大的汇水面积（胡刚等，2006）。

三、地貌临界模型的应用基础

临界模型中的汇水面积（A）和局地坡度（S）是模型中所需的参数，通过获取这两个值的数据可以进行侵蚀沟模型的确定，主要应用为：一是分散数据的下限所对应的参数，散点数据的最低限的直线定义了侵蚀沟发育的下限（Begin et al.，1979）；二是通过数据的回归得出的参数，适合SA的最好的直线拟合代表侵蚀沟形成的平均地形阈值（Vandekerckhove et al.，2000）。这两套参数用于不同的研究目的：第一种主要进行沟蚀发生的预测，第二种主要用于对主导沟蚀过程的分析。

第二节　基于SA地貌临界模型的黑土区沟蚀发生预测探讨

一、地貌临界模型的应用概况

侵蚀沟产生的地形临界阈值概念为我们在景观中预测侵蚀沟的产生提供了物理基础。此后，不少学者通过对不同环境下侵蚀沟发育地形的研究，得到了一系列不同的侵蚀沟启动地形阈值（见表6-1）。同时，有的学者利用得到的关系对其研究区侵蚀沟易于产生的地方进行了预测。

但是，当前的大多研究都是利用实测侵蚀沟的S和A的数值来进行相关的研究工作，部分利用DEM提取S和A，但是这些研究的共同特点是采用的侵蚀沟数量较少，一般也就是几十条侵蚀沟，研究的空间尺度一般从几平方千米到几十平方千米，本书利用高分辨影像获取侵蚀沟，提取S和A，从上万平方千米的尺度上来求取地貌临界模型，探讨基于大尺度获取的地貌临界模型是否能够预测更大尺度上的侵蚀沟发生分布以及预测的精度如何。

表 6-1　世界各地侵蚀沟启动地形阈值 $S=aA^{-b}$ 关系

参考文献	地区	关系式
Montgomery 和 Dietrich（1988）	Sierra Nevada	$S=0.35A^{-0.6}$
Montgomery 和 Dietrich（1992）	Sierra Nevada	$S=0.05A^{-0.5}$
Vandaele 等（1996）	Belgium	$S=0.025A^{-0.4}$
Vandekerckhove 等（2000b）	Sierra de Gata	$S=0.101A^{-0.267}$
Cheng 等（2007）	Loess Plateau	$S=0.058A^{-0.3}$
Vandekerckhove 等（2000a，2000b）	Lesvos	$S=0.218A^{-0.211}$
Willgoose 等（cited by Hancock and Evans，2007a）	Northern Australia	$S\geqslant 0.01A^{-1.33}$
Morgan（2003）	Swaziland	$S=0.1577A^{-0.0645}$
Claudio Zucca 等（2006）	Italy	$S=0.179A^{-0.20}$
伍永秋等（2005）	陕西绥德黄土高原	$S=0.1839A^{-0.2385}$
胡刚等（2006）	东北黑土区	$S_{EG}=0.063A_{EG}^{-0.4643}$ 和 $S_G=0.116A_G^{-0.4457}$
张永光等（2007）	东北黑土区	$S_{EG}=0.052A_{EG}^{-0.148}$ 和 $S_G=0.072A_G^{-0.141}$

二、数据及方法

（一）应用区域

本书主要是将地貌临界模型 $S=aA^{-b}$ 运用于研究区，理论上气候、土壤、地形、植被等状况相对一致时，对于地貌临界模型运用具有更好的效果。本书利用第三章构建的研究区分区系统对乌裕尔河、讷谟尔河流域西南部低海拔冲积台地中度侵蚀区（Ⅰ）和乌裕尔河、讷谟尔河流域东北部低海拔丘陵轻度侵蚀区（Ⅱ）分别构建地貌临界模型，同时对整个研究区

（Ⅲ）也构建地貌临界模型，最终分析和探讨各模型的精度，合理预测研究区易于发生侵蚀沟的脆弱区。

（二）面积和坡度获取方法

在构建 $S=aA^{-b}$ 关系模型时需要局地坡度（S）和汇水面积（A），一旦侵蚀沟形成就会发生溯源侵蚀，溯源侵蚀的形成会影响侵蚀沟坡度、汇水面积。本研究区坡面坡度一般在8°以下（见图6-1），通常<5°，小于许多学者在黄土高原得出的临界坡度20°（靳长兴，1995，1996；李全胜等，1995；赵晓光等，1999；罗斌等，1999；郑粉莉，1989；胡世雄等，1999），由于沟蚀机制的复杂性，确定沟头起始位置相对较难，因此，我们可以认为坡面坡度最大（即最陡）处代表了切沟或浅沟形成初期位置（胡刚等，2006），以此量算临界坡度和上坡汇水面积。本书中局地坡度（S）和汇水面积（A）全是基于DEM获取得到，所有的过程都是利用ESRI ArcGIS9.2及其扩展模块实现。最终将提取得到的SA数据转换成统计数据进行分析。为了得到模型中的a、b值，将所得数据绘制在对数坐标系下，进行回归拟合，求出地貌临界模型进行侵蚀沟发生预测。

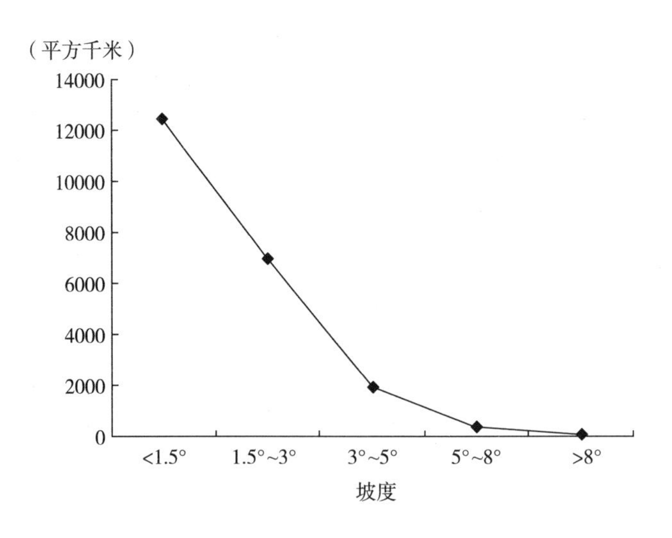

图6-1　不同坡度分级占研究区面积

三、地貌临界模型 $S=aA^{-b}$ 构建

本部分的主要目的是构建 $S=aA^{-b}$ 地貌临界模型，进行侵蚀沟易于发生的脆弱区域的预测。该模型使用的主要条件是以坡面漫流为主导径流过程，当有地下潜流过程加入时，将使预测产生较大误差。通过野外观察，浅沟的发生一般都在犁耕层，应该不会受到地下径流过程的影响。但是对于较大的沟，在研究区域，尽管我们没有直接看到地下径流过程，但在研究区域内存在诸如母质沙层、透水性很弱的心土层和被压实犁底层等有利于地下径流过程发生的土壤结构及性质，这些都有可能导致地下径流过程的发生。为了尽量避免地下过程的加入，同时选择具有代表性的样本，本书根据野外调查获取的研究区信息，随机选择了模型构建区影像侵蚀沟解译宽度小于 5 米的侵蚀沟构建模型，尽量避免地下过程的加入。构建过程中将侵蚀沟的局地坡度（S）和汇水面积（A）绘于双对数坐标中（见图 6-2、图 6-3、图 6-4）。可以看到，研究区无论是分区构建的模型还是整个研究区构建的模型，S 和 A 都负相关，可以用幂函数来表示，分别对它们进行幂函数统计回归分析，得到表 6-2。

表 6-2　回归得到临界模型系数 a、b 值和相关系数 R^2

模拟区域	a	b	R^2
乌裕尔河、讷谟尔河流域西南部低海拔冲积台地中度侵蚀区（Ⅰ）	4.4679	0.1068	0.3448
乌裕尔河、讷谟尔河流域东北部低海拔丘陵轻度侵蚀区（Ⅱ）	2.9059	0.104	0.2746
整个乌裕尔河、讷谟尔河流域（Ⅲ）	4.0557	0.0877	0.3006

从 S-A 关系的拟合结果来看，R^2 的值只在 0.25～0.35 区间，拟合精度相对较低，但是与当前世界各国这方面所做研究的拟合关系式以及相关系数值做比较发现：Morgan 等（2003）在非洲的斯威士兰的 Manzini 和

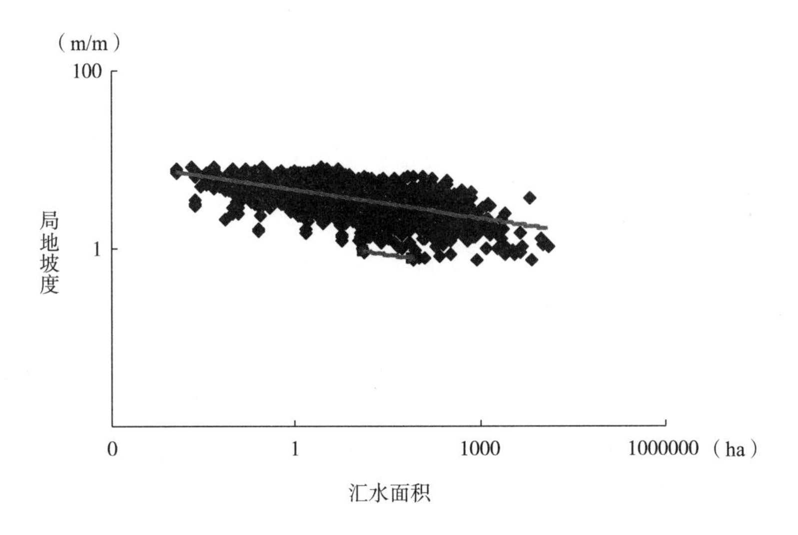

图 6-2　乌裕尔河、讷谟尔河流域西南部低海拔冲积台地中度侵蚀区（Ⅰ）地貌临界关系

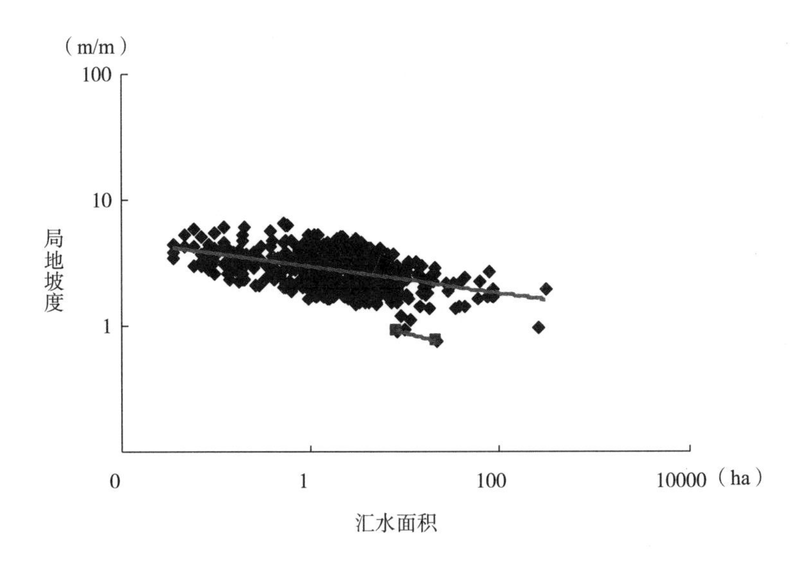

图 6-3　乌裕尔河、讷谟尔河流域东北部低海拔丘陵轻度侵蚀区（Ⅱ）地貌临界关系

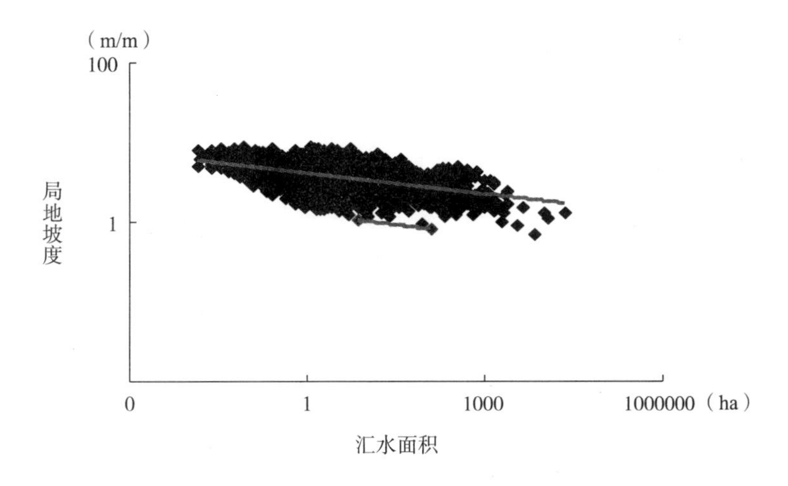

图 6-4 乌裕尔河、讷谟尔河流域（Ⅲ）地貌临界关系

Lobamba 两个土地利用系统中选择了四个研究单元进行了相关研究，得出了相应的关系，如表 6-3 所示；Claudio Zucca 等（2006）在意大利（Italy）撒丁岛（Sardinia）的中东部农牧交错区得到的结果为 $S=0.179A^{-0.20}$（$R^2=0.2$）；Aliakbar Nazari Samani 等（2009）在伊朗西南部的 Boushehr 省的 Dareh-koreh 流域用野外测量的 SA 数据得到关系式为 $S=0.0271A^{-0.3002}$（$R^2=0.49$），而基于 DEM 的 SA 数据得到关系式为 $S=0.0384A^{-0.2661}$（$R^2=0.29$）。由此可以得出，在乌裕尔河、讷谟尔河流域得到的 SA 拟合关系式与各国研究者所做研究基本上具有可比性，这也说明运用此公式在研究区进行侵蚀沟的预测具有一定的理论和实践基础。

表 6-3 斯威士兰侵蚀沟流域 $S=aA^{-b}$ 回归关系

土地系统	位置	a	b	R^2
Manzini	Mbothoma	0.2142	0.1103	0.3477
	Nyakeni	0.3044	0.2610	0.4964
Lobamba	Mtilane	0.2489	0.1795	0.0962
	Malkerns	0.1302	0.1222	0.0718

由于通过数据回归得出的幂函数方程主要是用于对主导沟蚀过程的分析，因此根据回归方程，对研究区的沟蚀过程进行相应分析。首先从表6-2和表6-3中的a、b值可以发现，本书的研究结果不同于世界各国的研究结果，造成这种差异的主要原因可能在于不同研究区的环境特征不同，以及测量SA的方法不同。研究表明，基于实测数据所得到的SA关系与根据DEM得到的SA关系有所不同（Aliakbar Nazari Samani et al.，2009）。另外，本书所用研究区空间尺度较大，与其他研究区几公里到几十公里的尺度相比，环境特征差异明显。相比之下，本书的研究结果的b值与Morgan R. P. C. 等（2003）在非洲的斯威士兰（Swaziland）的结果比较相近，都在0.1附近，这可能与两个研究区的地形条件类似有关。总的来说，将SA地貌临界关系运用于研究区具有理论和实践基础。从表6-2中可以发现，不同区域所得的a、b值也是有差异的，b值反映主导的径流过程，例如，坡面漫流、滑坡、下渗、崩塌等过程，一般来说，其中负值代表侵蚀是由坡面漫流产生，而正值代表侵蚀是由地下过程产生。由表6-2中3个区域b值都大于0可以看出，研究区侵蚀沟的产生的主导过程是坡面漫流，但是相对于世界各国的其他研究来说略显得低一些，这说明在研究区侵蚀沟的产生过程或许有滑坡、下渗、崩塌等地下过程的加入，而这一点从管理意义上可以启示我们，在研究区侵蚀沟的防治过程中，种植根系较为发达、可以深入地下成长的植被对于侵蚀沟的防治具有重要的意义。而a值代表着沟蚀发生所需的临界值，理论上说，a反映了S、A的测量方法以及研究区本身的特点，可以发现研究所得到的a值普遍大于世界各国的值，这可以说明，研究区侵蚀沟的发生相比其他研究区来说难一些，这也可能与研究区为东北典型黑土区，坡度较缓有关。从研究区不同分区下所得a、b值来看也是有差异的。首先从b值来看，乌裕尔河、讷谟尔河流域西南部低海拔冲积台地中度侵蚀区（Ⅰ）和乌裕尔河、讷谟尔河流域东北部低海拔丘陵轻度侵蚀区（Ⅱ）的b值基本接近，而用全区数据模拟的b值最小，这说明对于Ⅰ、Ⅱ区来说在形成侵蚀沟过程中，地下过程的作用类似，并没有出现很大差别，而Ⅲ区值较小，是由于两个区域同时加入，地形特征的不同，使其值降低。而从a值来看，Ⅰ区最大，Ⅲ其次，而Ⅱ区最小，可能是由于Ⅰ区位于低海拔台地区，主要特征是漫川漫岗，坡度较为平缓，因此侵蚀沟发生的临界阈值要大，在坡度一定的情况下，产生侵蚀沟就需要更大的汇水面积；Ⅱ区由于位于低海拔丘陵区，坡度比Ⅰ区大，因此产生侵蚀沟的临界阈值就会变小；而Ⅲ区由于综合了两者特点而使a值居中。总的来说，在假定其他因素相同的情况下，坡度大较坡度小的地区只需较小的汇水面积就可以形成侵蚀沟。

四、侵蚀沟发生脆弱区域预测

关于沟蚀预测，一般用SA下限点来分析，通过下限点画一直线，发生沟蚀的区域集中在直线之上，而无沟蚀现象发生的区域则集中在直线之下。这样，只要给出一定大小流域，就可确定一个临界的沟蚀发生坡度，坡面比降在该值之下，则坡面稳定，反之，则有可能发生沟蚀。我们分别将三个区域的下限点代入公式，求得a、b值（见表6-4、图6-2、图6-3、图6-4）。由此得到三个区域侵蚀沟发生的地貌临界公式：

$$S_{\text{I}} = 1.1833A^{-0.1024} \quad (6\text{-}3)$$

$$S_{\text{II}} = 1.3849A^{-0.2028} \quad (6\text{-}4)$$

$$S_{\text{III}} = 1.2482A^{-0.0936} \quad (6\text{-}5)$$

表6-4　通过沟蚀下限点所得a、b值

模拟区域	a	b
乌裕尔河、讷谟尔河流域西南部低海拔冲积台地中度侵蚀区（Ⅰ）	1.1833	0.1024
乌裕尔河、讷谟尔河流域东北部低海拔丘陵轻度侵蚀区（Ⅱ）	1.3849	0.2028
整个乌裕尔河、讷谟尔河流域（Ⅲ）	1.2482	0.0936

地貌临界模型的预测主要是针对耕地中的侵蚀沟来进行的，因此本书中假设当前所有的土地被开垦，土地利用类型为耕地，据此根据针对不同

区域构建的侵蚀沟发生的地貌临界模型来进行侵蚀沟发生区预测。本书以DEM为数据源，利用水文分析模块从DEM中提取坡度（S）和汇水面积（A），之后运用地貌临界公式计算不同区域侵蚀沟发生的临界坡度Sa，并将两图层S和Sa进行叠加比较分析：

若S-Sa≥0，则表示该栅格有发生侵蚀沟的可能，为侵蚀沟发生脆弱区；

若S-Sa<0，则表示该栅格发生侵蚀沟的可能性较低，为不易发生侵蚀沟区。

根据上述条件，由研究区分区情况得到了不同的预测结果（见图6-5~图6-8），为了更好地识别预测特征及其精度特征，图6-9为预测区域局部放大示意图。

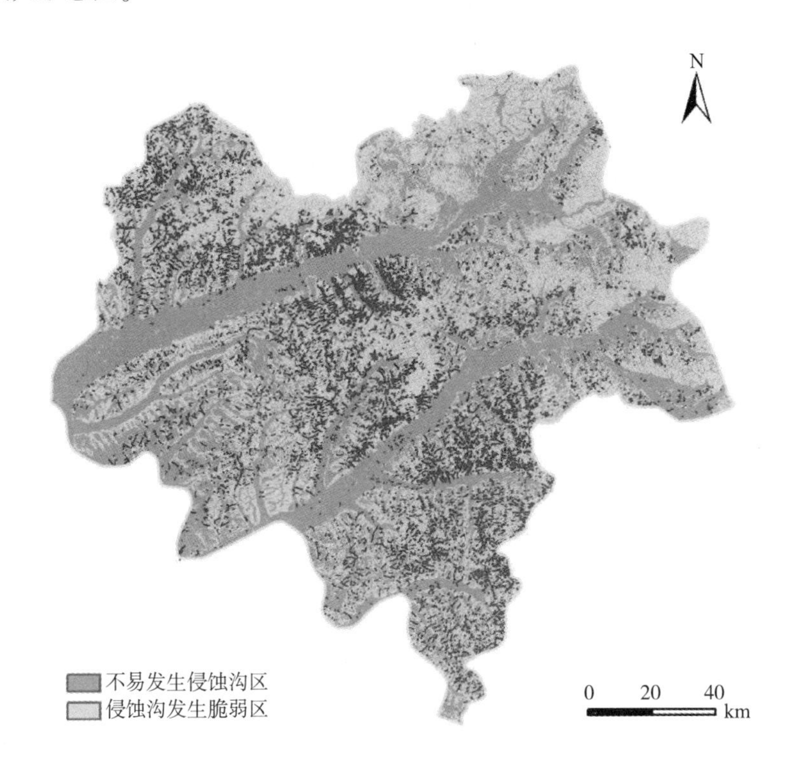

图6-5　叠加侵蚀沟整个研究区侵蚀沟发生脆弱区域预测示意图

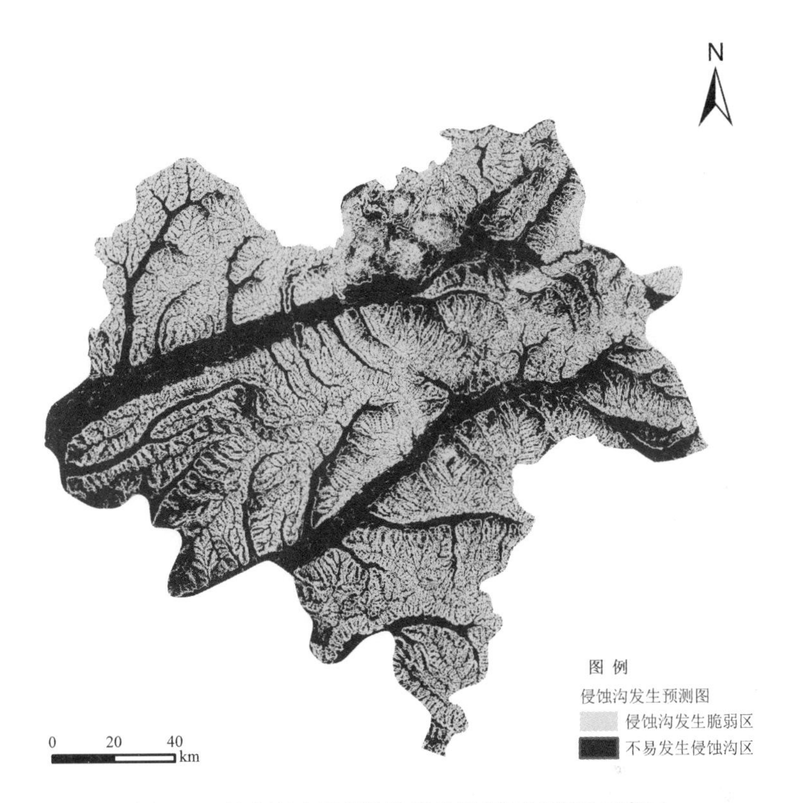

图 6-6　整个研究区侵蚀沟发生脆弱区域预测示意图

从研究区侵蚀沟发生脆弱区的预测示意图中可以发现，研究区不易于侵蚀沟发生的地方主要分布于水域、河漫滩以及山脊线附近区，从图 6-5～图 6-8 大体的比较可以看出，总体上来说易于侵蚀沟形成的地方分布在研究区的各个部分，同时侵蚀沟脆弱区的预测效果是比较好的，绝大部分侵蚀沟分布在易于侵蚀沟发育形成的脆弱区，另外，分区模拟的分布情况在Ⅰ区差异不大，主要的差异在Ⅱ区出现，可以发现基于分区模拟得出的Ⅱ区的易于侵蚀的地区明显要小于同一区域基于整个研究区得出的区域。

为了较好地看清预测效果，从图 6-9 局部放大示意图上可以发现，总的来说，研究区侵蚀沟绝大部分发生在沟蚀发生脆弱区，但是也有部分地区预测不正确，不正确的区域主要存在于可能是季节性河的地区，这些区

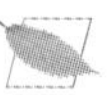

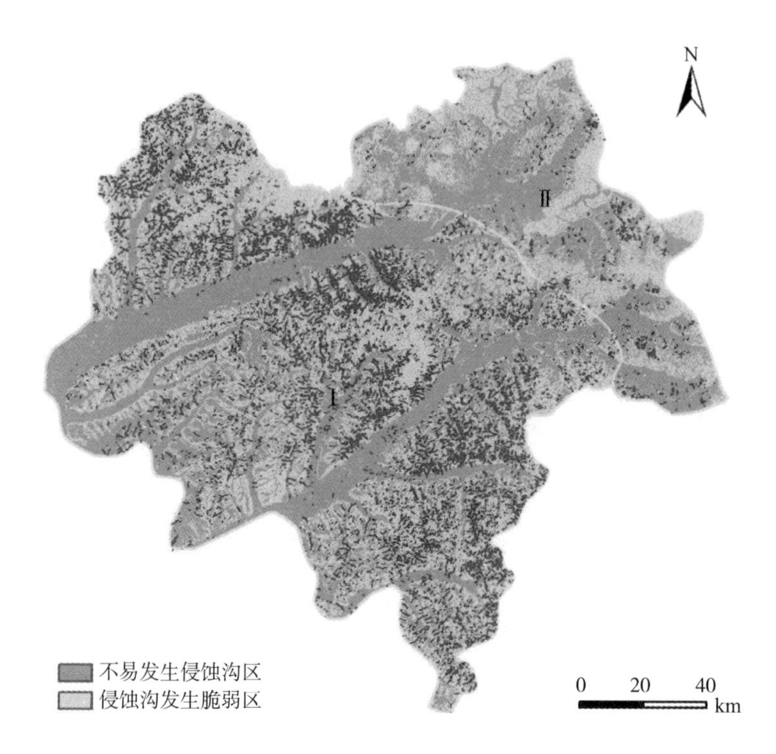

图 6-7 叠加侵蚀沟的研究区分区侵蚀沟发生脆弱区域预测示意图

域预测成为侵蚀区。另外，有一部分沟中有一些不易侵蚀点存在，这可能与沟的溯源侵蚀、沟壁扩展有关，带动周边不易侵蚀区内侵蚀沟的产生。

为了进一步分析预测精度，将不同模型的预测结果进行精度对比（见表 6-5）。从Ⅰ、Ⅱ两区组合的整个研究区和基于 $S=1.2482A^{-0.0936}$ 的整个研究区Ⅲ的预测结果来看，侵蚀沟可以被正确预测的像元数可以达到接近 80%，Ⅰ、Ⅱ组合区为 79.57%，Ⅲ区为 79.43%，Ⅰ、Ⅱ组合区被正确预测的像元数要略高于Ⅲ区，同时，两个区对应的易于侵蚀区域分别为 49.01%和 51.79%，对应的预测效率分别为 0.766%和 0.723%，可以看出两种方法下侵蚀沟被正确预测的比例都很高，但是预测效率都较低，然而这种相对低的预测效率并不是因为对现有侵蚀沟发生预测错误，而是因为预测的很多区域当前并没有产生侵蚀沟。出现这种现象主要可能因为运用

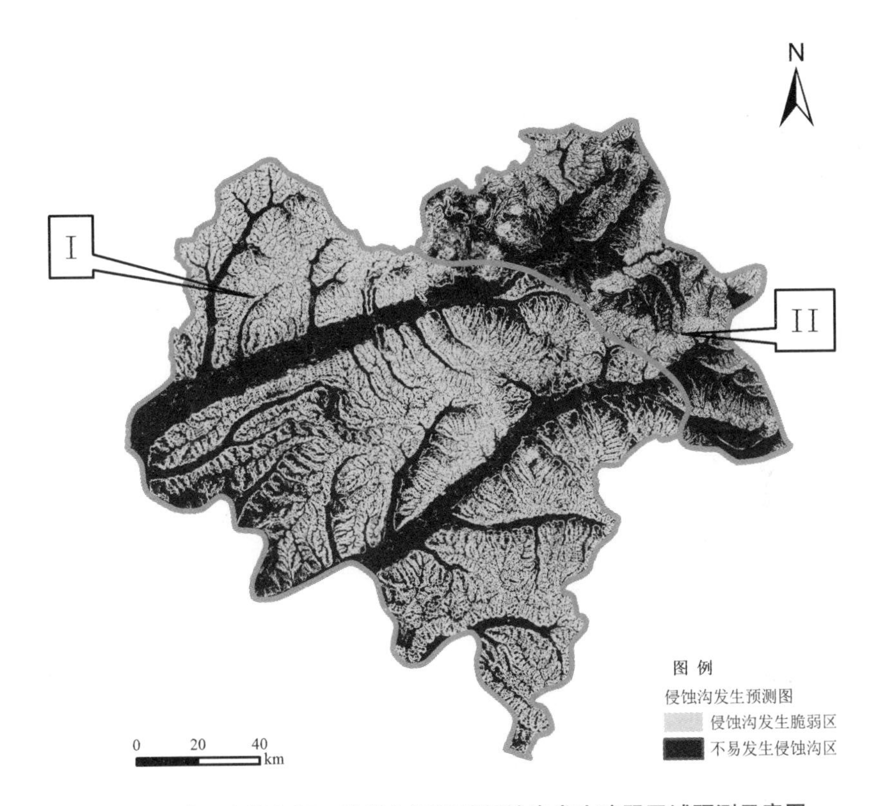

图 6-8　分区乌裕尔河、讷谟尔河流域侵蚀沟发生脆弱区域预测示意图

SA 最低限获取的模型是区分易于侵蚀区和非侵蚀区的一种保守估计，其对可能发生侵蚀沟的地区都进行预测。但是从上面的各指标可以看出，总体上来说，分区后预测结果要好于不分区的结果。

通过上面的分析可以得出，分区和不分区的预测效果都还可以接受，但是两者还是有所不同。进一步分析两者的分区的差异可以看出，从Ⅰ区精度分析对比中可以看出，根据分区模拟得出的 SA 模型的预测像元占构建区比例、预测侵蚀沟占总侵蚀沟比例分别为 52.11%、80.71%，都高于根据整个研究区得出的数字 51.16%、79.73%，而且两者预测效率相近，这说明分区后Ⅰ区预测效果要好于不分区。而从Ⅱ区的对比中可以发现，用于精度估算的三个指标，即预测像元占构建区比例、预测侵蚀沟占总侵蚀沟比例、预测效率都要好于分区后进行预测的效果，前者对应的数字分

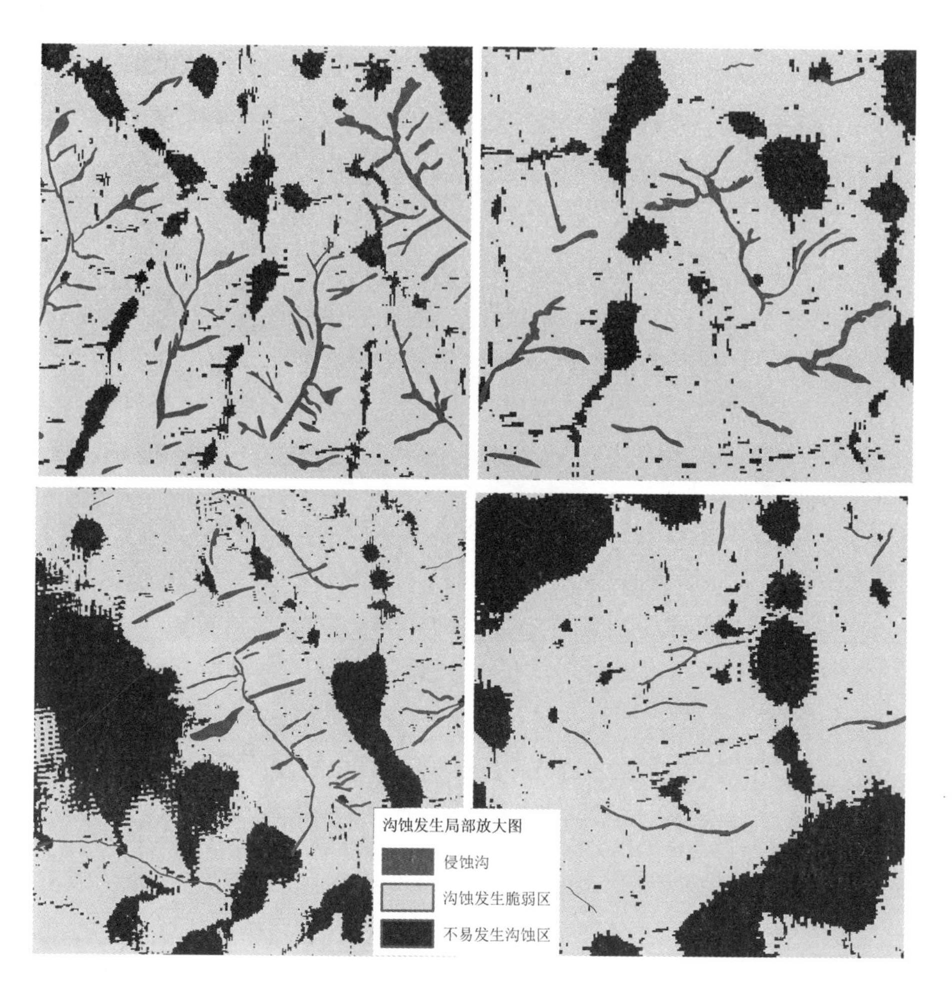

图 6-9　侵蚀沟预测局部放大示意图

别为 53.8%、70.7%、0.089%，后者分别为 38.63%、46.68%、0.082%，从中可以得出，分区后Ⅱ区所得侵蚀沟易侵蚀区精度要低于不分区的结果。对于这种差异出现的原因还不能完全解释，可能原因是当前Ⅱ区的实际土地利用状况与Ⅰ区的差异，Ⅰ区耕地为主要的土地利用类型，而Ⅱ区除耕地外，林地也占有相当重要的地位，林地的出现在相同的地形条件下抑制了侵蚀沟的形成，而构建模型时，将两个区域都看作耕地区，Ⅱ区这种实际与假设条件下的差异带来了预测精度的降低，使其反而没有全区预测效果好，当然，对于是否如上面的解释，需要进一步研究来加以证实。但从预测精度分析的角度出发，为使研究区具有较高的侵蚀沟脆弱区预测精度，将分区所得Ⅰ区结果和整个研究区预测所得Ⅱ区结果重新整合，得到研究区侵蚀沟发生脆弱区域预测示意图（见图 6-10）。从表 6-5 中可以发现，这种组合图得到的预测像元占构建区比例、预测侵蚀沟占总侵蚀沟比例都优于未组合前，虽然预测效率相对低了一点，但是总体上来说，精度优于未组合方程。

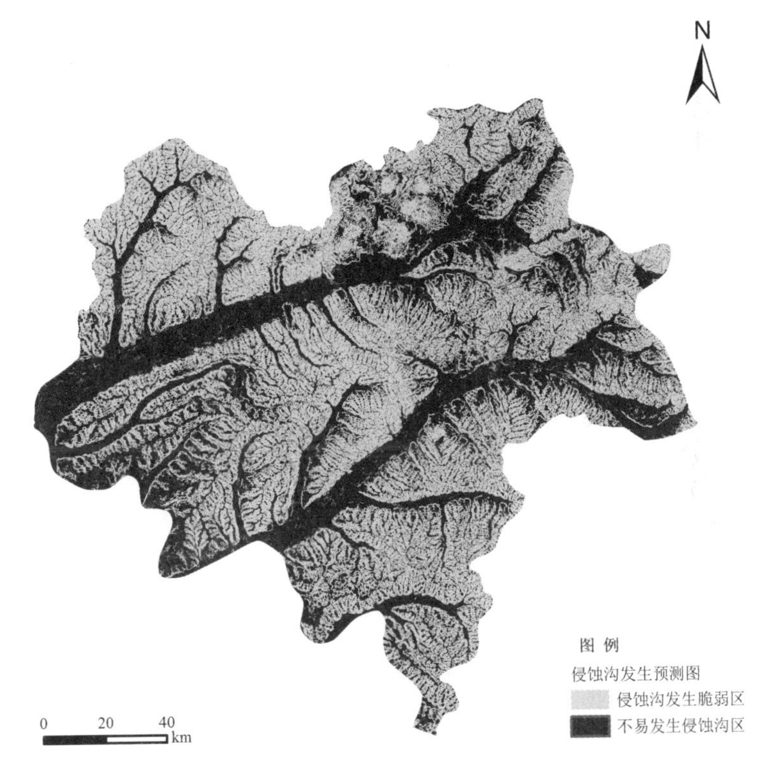

图 6-10　研究区侵蚀沟发生脆弱区域预测示意图

表 6-5　基于临界模型 $S=aA^{-b}$ 的研究区侵蚀沟预测精度对比

研究区总像元数	186346602	Ⅰ区总像元数	143500160	Ⅱ区总像元数	42839142
研究区侵蚀沟占像元数	879035	Ⅰ区侵蚀沟占像元数	849850	Ⅱ区侵蚀沟占像元数	29117

续表

预测方程来源	预测的总像元数	正确预测的像元数	预测像元占构建区比例（%）	预测侵蚀沟占总侵蚀沟比例（%）	预测效率（%）
基于 $S=1.2482A^{-0.0936}$ 的整个研究区Ⅲ	96507467	698183	51.79	79.43	0.723
基于 $S=1.1833A^{-0.1024}$ 的分区Ⅰ	74783813	685891	52.11	80.71	0.917
基于 $S=1.3849A^{-0.2028}$ 的分区Ⅱ	16550431	13591	38.63	46.68	0.082
Ⅰ、Ⅱ两区组合的整个研究区	91334244	699482	49.01	79.57	0.766
基于 $S=1.2482A^{-0.0936}$ 的整个研究区分区Ⅰ	73421496	677596	51.16	79.73	0.923
基于 $S=1.2482A^{-0.0936}$ 的整个研究区分区Ⅱ	23048905	20587	53.80	70.70	0.089
最优组合结果	97832718	706478	52.5	80.37	0.722

注：预测效率=正确预测的侵蚀沟数量/预测的侵蚀沟总数。

除此，对比一下Ⅰ、Ⅱ区对于侵蚀沟的发生脆弱区预测的精度的差异，从表6-5中可以发现，作为低海拔冲积台地的Ⅰ区的预测像元占构建区比例、预测侵蚀沟占总侵蚀沟比例、预测效率都要远远高于低海拔丘陵Ⅱ区，两者对比分别为52.11%、80.71%、0.917%，38.63%、46.68%、

0.082%，从这个数字中可以分析得出，可能由于当前Ⅰ区主要的土地利用类型是耕地，而Ⅱ区林地占有主导地位，因此林区在相同的地形条件没有出现侵蚀沟的地区，在耕地中就可能出现侵蚀沟，耕地具有侵蚀上的更大脆弱性。有农业生产的地方更容易产生侵蚀沟，这说明一件事，即未来的土地管理应该保证那些易于侵蚀的地方不受干扰。未来的研究应该更加注重查清不同土地利用之间的关系，以提供更多的信息来进行高效的管理。

通过上述对于研究区侵蚀沟发生预测精度的分析得出，研究区侵蚀沟发生的密集区基本是与预测的发生区一致的。但是，也可以看出总体预测效率不是很好，主要是因为大部分区域为侵蚀沟发生预测发生区，但是当前还没有产生侵蚀沟，这导致了一个较低的预测效率。这对于所有的预测关系式都是成立的。对于为什么有些地方预测的是有侵蚀沟，但是实际野外观测却并没出现侵蚀沟，这方面原因还不是非常清楚，可能是由于预测方程是保守估计，其对可能发生侵蚀沟的地区都进行了预测，另外当前的土地利用方式、环境条件还没有使某些区域达到侵蚀沟发生的临界值，总的来说，运用地貌临界关系 $S=aA^{-b}$ 做的侵蚀沟发生脆弱区的分布具有一个可接受的精度水平。通过这种保守推测，确定侵蚀沟开始的区域可以帮助土地管理者更好地理解沟蚀可能发生区，同时可以制定相应的土壤保护策略。

本章小结

本章基于地貌临界模型 $S=aA^{-b}$ 关系，利用研究区的侵蚀沟数据，构建了不同分区状况下的地貌临界模型，构建的模型与当前世界各国研究者所做的研究具有一定的可比性，据此来预测研究区侵蚀沟发生的脆弱区。总的来说，沟蚀地貌临界模型较好地预测了侵蚀沟的发生区域，预测的侵蚀沟脆弱区总的来说具有一个可接受的精度水平，SA 关系可以运用于区分易于沟蚀发生的地区，可以为侵蚀防治提供一定的科学支持。当然，预测发生沟蚀的区域仅表示可能发生的区域，是一个保守估计，并非一定发生，因为沟蚀的发生除受地貌因素控制外，还受如地表植被、土地利用等影响。因此，如何将这些影响侵蚀的因子加入，更加深入地分析侵蚀沟易于发生区的状况，分出侵蚀沟发生的高危、中危、低危区域是更为关键的，该问题将在第七章中解决。

第 七 章

多因素控制下黑土区沟蚀发生风险评价模型构建

第一节　Logistic 模型

一、Logistic 模型的理论依据

首先，需要说明的是 Logistic 函数用于二分类变量的依据，假设有一个理论上存在的连续反应变量 y_i^* 代表事件发生的可能性，其值域为负无穷至正无穷。当该变量的值域跨越一个临界点 c（比如 c=0），便导致事件发生。于是有：

$$\begin{cases} 当\ y_i^*>0\ 时，y_i=1 \\ 在其他情况下，y_i=0 \end{cases}$$

这里，y_i 是实际观察到的因变量。$y_i=1$ 表示事件发生，$y_i=0$ 表示事件未发生。如果假设在反应变量 y_i^* 和自变量 x_i 之间存在一种线性关系，即：

$$y_i^*=\alpha+\beta x_i+\varepsilon_i \tag{7-1}$$

由公式（7-1），我们得到：

$$P(y_i=1\mid x_i)=P[(\alpha+\beta x_i+\varepsilon_i)>0]=P[\varepsilon_i>(-\alpha-\beta x_i)] \tag{7-2}$$

通常，假设公式（7-1）中误差项 ε_i 有 Logistic 分布或标准正态分布。为了取得一个累积分布函数，一个变量的概率需要小于一个特定值。所以，我们必须改变公式（7-2）中不等号的方向。由于 Logistic 分布和正态分布都是对称的，因此公式（7-2）可以改写为：

$$P(y_i=1\mid x_i)=P[\varepsilon_i\leqslant(\alpha+\beta x_i)]=F(\alpha+\beta x_i) \tag{7-3}$$

式中，F 为 ε_i 的累积分布函数。分布函数的形式依赖于公式（7-1）中 ε_i 的假设分布。如果假设 ε_i 为 Logistic 分布，就得到 Logistic 回归模型；

如果假设 ε_i 为标准正态分布，就得到 Probit 模型（Long，1997）。因为 y_i^* 不能直接观察，其量度既不能由 Logistic 回归模型来决定，也不能由 Probit 模型来决定。在 Logistic 回归模型中，误差项 ε_i 的方差为 $\pi^2/3 \approx 3.29$。之所以选择这样一个方差是因为它可以使累积分布函数取得一个较简单的公式：

$$P(y_i=1 \mid x_i)=P[\varepsilon_i \leqslant (\alpha+\beta x_i)]=\frac{1}{1+e^{-\varepsilon_i}} \tag{7-4}$$

这一函数称为 Logistic 函数，它具有 S 形的分布状态，图 7-1 中给出了它的图形。

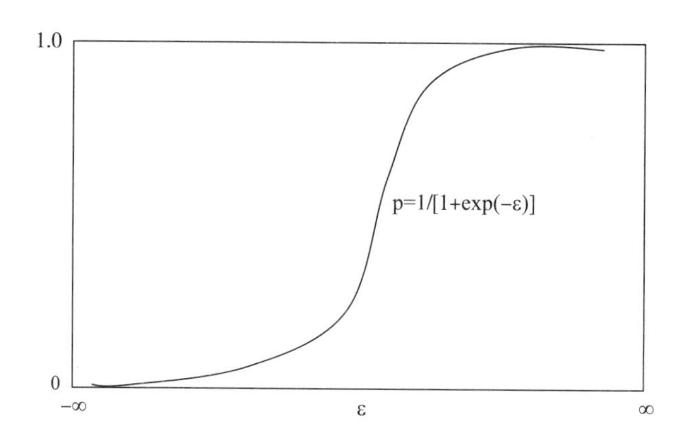

图 7-1　Logistic 函数的曲线图

如果我们将 ε_i 在负无穷至正无穷区间变化时的函数值标画出来，就得到了图 7-1 中的图形。注意在这一图形的左侧，当 ε_i 趋近于负无穷时，Logistic 函数有：

$$P(y_i=1 \mid x_i)=1/[1+\exp^{(-\infty)}]=1/(1+e^{\infty})=0 \tag{7-5}$$

与此相对，当 ε_i 趋近于正无穷时，Logistic 函数有：

$$P(y_i=1 \mid x_i)=1/[1+e^{-(\infty)}]=1/(1+e^{-\infty}]=1 \tag{7-6}$$

正如图 7-1 所示，无论 ε_i 取任何值，Logistic 函数 P（$y_i=1 \mid x_i$） = 1/（$1+e^{\xi i}$）的取值范围均在 0 至 1 之间。Logistic 函数的这一性质保证了由 Logistic 模型估计的概率决不会大于 1 或小于 0。Logistic 函数的另一个性质也是很有用的，即这个函数的形状对于研究概率也很合适。

从 Logistic 函数转向 Logistic 回归模型，它才是我们真正的兴趣所在。为了根据 Logistic 函数取得 Logistic 回归模型，我们将公式（7-4）重写为：

$$P(y_i=1 \mid x_i)=\frac{1}{1+e^{(\alpha+\beta x_i)}} \tag{7-7}$$

其实，这就是当 ε_i 取值为（$\alpha+\beta x_i$）时的累积分布函数。在这里，ε_i 被定义为一系列影响事件发生概率的因素的线性函数，即

$$\varepsilon_i=\alpha+\beta x_i \tag{7-8}$$

式中，x_i 为自变量；α 和 β 分别为回归截距和回归系数。为了简单，这里以一元回归为例。然而，同样的原则也适用于多元回归。

将事件发生的条件概率标注为 $P(y_i=1 \mid x_i)=p_i$，我们就能得到下列 Logistic 回归模型：

$$p_i=\frac{1}{1+e^{-(\alpha+\beta x_i)}}=\frac{e^{\alpha+\beta x_i}}{1+e^{\alpha+\beta x_i}} \tag{7-9}$$

式中，p_i 为第 i 个案例发生事件的概率，它是一个由解释变量 x_i 构成的非线性函数，但可以被转变为线性函数。

首先，定义不发生事件的条件概率为：

$$1-p_i=1-\left(\frac{e^{\alpha-\beta x_i}}{1+e^{\alpha+\beta x_i}}\right)=\frac{1}{1+e^{\alpha+\beta x_i}} \tag{7-10}$$

那么，事件发生概率与事件不发生概率之比为：

$$\frac{p_i}{1-p_i}=e^{(\alpha+\beta x_i)} \tag{7-11}$$

这个比被称为事件的发生比（the odds of experiencing an event），简称为 odds。odds 一定为正值，因为 $0<p_i<1$，并且没有上界。将 odds 取自然对数就能够得到一个线性函数：

$$\ln\left(\frac{p_i}{1-p_i}\right)=\alpha+\beta x_i \tag{7-12}$$

公式（7-12）将 Logistic 函数做了自然对数转换，这称作 Logistic 形式，也称作 y 的 logit，即 logit（y）。

这一转换的重要性在于，logit（y）有许多可利用的线性回归模型的性质。logit（y）对于其参数而言是线性的，并且依赖于 x 的取值，它的值域为负无穷至正无穷。从公式（7-12）我们可以看出，当 odds 从 1 减少到 0 时，logit（y）取负值且绝对值越来越大；当 odds 从 1 增加到正无穷时，它取正值且值越来越大。于是，我们就不为概率估计值会超过概率值域的问题所困了。Logistic 模型的系数 α 和 β 可以按照一般回归系数来解释，一个变量的作用如果是增加对数发生比（log odds）的话，也就增加事件发生的概率，反之亦然。

尽管线性回归分析的原则也应用于 Logistic 回归模型，但我们应当记住，Logistic 回归与线性回归是完全不同的，首先，线性回归的结果变量与其自变量之间的关系是线性的，而 Logistic 回归中结果变量与自变量之间的关系是非线性的。其次，我们在线性回归中通常假设，对应自变量 x_i 的某个值，结果变量 y_i 的观测值有正态分布。但是在 Logistic 回归中，结果变量的观测值 y_i 却为二项分布。最后，在 Logistic 回归模型中［即公式（7-12）］，不存在线性回归模型中含有的残差值。

在有 k 个自变量时，公式（7-9）便扩展为：

$$p_i = \frac{e^{\alpha + \sum_{k=1}^{k} \beta_k x_{ki}}}{1 + e^{\alpha + \sum_{k=1}^{k} \beta_k x_{ki}}} \tag{7-13}$$

那么，相应的 Logistic 模型将有下列形式：

$$\ln \frac{p_i}{1 - p_i} = \alpha + \sum_{k=1}^{k} \beta_k x_{ki} \tag{7-14}$$

式中，$p_i = P(y_i = 1 \mid x_{1i}, x_{2i}, \cdots, x_{ki})$ 为在给定系列自变量 x_{1i}，x_{2i}，…，x_{ki} 的值时的事件发生概率。

一旦我们拥有各个案例的观测自变量 x_i 至 x_k 值构成的样本，并同时拥有其事件发生与否的观测值，我们就能够使用这些信息来分析和描述在特定条件下事件的发生比及发生的概率。

二、Logistic 模型估计的假设条件

Logistic 模型估计的一些假设条件与常规最小二乘法线性回归中的十分类似。第一，数据必须来自于随机样本。第二，因变量 y_i 被假设为 K 个自变量 x_{ki}（$k=1, 2, \cdots, K$）的函数。第三，正如常规最小二乘法线性回归，Logistic 模型也对多元共线性（multicollinearity）敏感，自变量之间存在的多元共线性会导致标准误的膨胀。

Logistic 模型还有一些与常规最小二乘法线性回归不同的假设。第一，Logistic 模型的因变量 y_i 是二分变量，这个变量只能取值 0 或 1。研究的兴趣在于事件发生的条件概率，即 $P(y_i=1 \mid x_{ki})$。第二，正如公式（7-13）中所定义的，Logistic 模型中因变量和各自变量之间的关系是非线性的。第三，在常规最小二乘法线性回归中要假设相同分布性或称方差不变，类似的假设在 Logistic 中却不需要。第四，Logistic 模型也没有关于自变量分布的假设条件。各自变量可以是连续变量，也可以是离散变量，还可以是虚拟变量，也不需要假设它们之间存在多元正态分布。但是，自变量之间如果存在多元正态分布关系将能够增加模型的功效，求解也能够提高稳定性（Tabachnick & Fidell，1996）。

第二节　沟蚀主控影响因素分析

东北黑土区侵蚀沟是在气候、地形、土壤、植被、土地利用等因素的综合作用下形成发育的。降雨量的差异、冻融作用的影响、极端降雨事件的影响、植被保护作用的不同、土壤抗蚀性以及地形的差异，对于侵蚀沟的形成都至关重要。本书根据上述沟蚀因素，选取各种量化指标，探讨各指标与侵蚀沟密度之间的相关关系和综合作用机制，最后筛选出研究区沟蚀形成的最主要的因子，建立沟蚀影响因素指标体系与侵蚀沟

之间的关系模型，最终建立多因子影响下的研究区侵蚀沟发生风险评价模型。

一、单因子分析

虽然在前面的章节中根据先验知识，已经建立了许多与侵蚀沟形成有关的因子，但是这些因子与侵蚀沟之间哪些存在明显的统计关系，当前还是不明确的。因此，为了避免主观经验的影响，本书通过单因子地理要素间的回归分析来确定侵蚀沟因变量和各个土壤侵蚀指标自变量的统计关系是否存在，从影响侵蚀过程中的许多要素中，找出哪些要素是主要的，哪些要素是次要的，以此来找到影响侵蚀沟形成的最显著且有意义的因子。在建立这种回归模型时，因变量中存在连续变量和分类变量两种因子。在回归分析中，连续变量回归容易解决，主要是对于分类变量，例如土地利用、开垦年限等指标，在这里采用虚拟变量回归来解决。最后，通过随机采样，建立了研究区各单因子之间的回归分析关系。

表 7-1 为回归分析后，与侵蚀沟统计关系较明显的因子，以此作为后续分析的因子，其余因子由于统计关系非常弱而被舍去，没有在表中列出。图 7-2 为乌裕尔河、讷谟尔河流域东北部低海拔丘陵轻度侵蚀区（Ⅱ）的回归图，由于篇幅较大，仅列举Ⅱ区的图。从表 7-1 中可以发现，乌裕尔河、讷谟尔河流域西南部低海拔冲积台地中度侵蚀区（Ⅰ）和乌裕尔河、讷谟尔河流域东北部低海拔丘陵轻度侵蚀区（Ⅱ）各因子与侵蚀沟的相关系数都在 0.55 以上，具有较好的相关性，确定系数在 0.3~0.7，虽然相关系数没有达到 0.8 以上，确定系数也不是非常高，但是由于侵蚀是一个受多种因子影响的复杂过程，以著名的通用水土流失方程来说，也是多个因子共同作用形成的，这些因子之间的关系在不同的区域背景下关系不是一成不变的，其间的关系复杂多变且不是简单的线形关系，因此，总的来说，选择出来的相关系数和确定系数在一个可以接受的水平。

表 7-1　侵蚀因子与侵蚀沟单因子相关分析表

<table>
<tr><td>分区</td><td colspan="4">乌裕尔河、讷谟尔河流域西南部低海拔冲积台地中度侵蚀区（Ⅰ）</td><td colspan="4">乌裕尔河、讷谟尔河流域东北部低海拔丘陵轻度侵蚀区（Ⅱ）</td></tr>
<tr><td>因素层</td><td>相关因子</td><td>模型</td><td>相关系数</td><td>确定系数</td><td>相关因子</td><td>模型</td><td>相关系数</td><td>确定系数</td></tr>
<tr><td rowspan="2">气候</td><td>1998 年极端降雨量</td><td>quadratic</td><td>0. 664</td><td>0. 441</td><td>1998 年极端降雨量</td><td>quadratic</td><td>0. 732</td><td>0. 536</td></tr>
<tr><td>极端最低气温</td><td>cubic</td><td>0. 677</td><td>0. 458</td><td>最冷月平均温度</td><td>cubic</td><td>0. 711</td><td>0. 505</td></tr>
<tr><td rowspan="4">地形</td><td>坡度</td><td>power</td><td>0. 750</td><td>0. 563</td><td>坡度</td><td>power</td><td>0. 800</td><td>0. 640</td></tr>
<tr><td>地形起伏度</td><td>power</td><td>0. 602</td><td>0. 362</td><td>地表切割深度</td><td>power</td><td>0. 774</td><td>0. 599</td></tr>
<tr><td>高程变异系数</td><td>power</td><td>0. 739</td><td>0. 546</td><td>高程变异系数</td><td>power</td><td>0. 770</td><td>0. 593</td></tr>
<tr><td>地表切割深度</td><td>power</td><td>0. 716</td><td>0. 513</td><td></td><td></td><td></td><td></td></tr>
<tr><td>植被</td><td>植被覆盖度</td><td>quadratic</td><td>0. 552</td><td>0. 305</td><td>净初级生产力</td><td>logarithm</td><td>0. 688</td><td>0. 474</td></tr>
<tr><td rowspan="3">土地利用</td><td>土地利用程度变化指数</td><td>quadratic</td><td>0. 635</td><td>0. 403</td><td>土地利用面积变化率</td><td>quadratic</td><td>0. 566</td><td>0. 320</td></tr>
<tr><td>土地利用面积变化率</td><td>quadratic</td><td>0. 647</td><td>0. 419</td><td>路网密度</td><td>line</td><td>0. 647</td><td>0. 419</td></tr>
<tr><td>路网密度</td><td>power</td><td>0. 647</td><td>0. 419</td><td></td><td></td><td></td><td></td></tr>
</table>

从选择得到的因素层中可以发现，Ⅰ区和Ⅱ区得到的因子有一定的差别。首先，从数量上，Ⅰ区共有 10 个对侵蚀沟形成有显著影响的因子，Ⅱ区有 8 个对侵蚀沟形成有显著影响的因子。其次，从相关系数和确定系数来看，Ⅱ区的这两个衡量指标普遍要高于Ⅰ区。出现这种现象的原因可能是由于Ⅰ区面积较为广大，是Ⅱ区面积的 3 倍多，这种较大的空间尺度差异增加了侵蚀沟与各因子之间关系上的不确定性，空间变异性导致了不确定性的出现。最后，还可以发现各区选择的具体指标有差异。第一，气候因素中，可以获知极端降雨事件和冻融作用在研究区中具有重要意义，1998 年的大洪水对于研究区侵蚀沟的形成具有非常重要的作用，在野外工作中，当地的农民普遍反映当前的很多沟都是 1998 年一场大暴雨冲刷出来的，得到的关系也证明了侵蚀沟与 1998 年降雨事件的相关性。第二，两个区域都受冻融作用影响，Ⅰ区受极端最低气温影响，Ⅱ区受最冷月平均温度影响，但是它们与侵蚀沟之间呈现出 3 次方的关系，这说明关系较为复杂，需要深入研究。而在本书中降雨侵蚀力因子和有效降雨量与侵蚀沟都

没有呈现明显关系，这可能是因为该区在2万平方千米的区域上，一般的气候条件还是具有一致性和普遍性的，不会对侵蚀沟产生特殊影响差异。而土壤因素在两个区域都没有明显的影响因子，主要是因为本书选择典型黑土区作为研究区，土壤性质上差异不大，研究区主要的土地利用类型是耕地，约占研究区面积的70%，而侵蚀沟主要是产生在耕地上，这种较小的变异性使研究区由于土壤性质差异带来的侵蚀沟发育程度的不同而减少。总的来说，从地貌成因来分析，地貌的沉积区如河漫滩、河床等属于负地形，是不容易被侵蚀的，而地貌上正地形如侵蚀剥蚀台地和丘陵山地是非常容易被侵蚀的，微观地形因子只有坡度在侵蚀沟的发育形成上是具有重要作用的，基本上呈现出坡度越大侵蚀沟密度越大的情况，其余因子都不具有作用，而从宏观地形因子来说，Ⅰ区受地形起伏度、高程变异系数、地表切割深度影响大，Ⅱ区受地表切割深度、高程变异系数影响大，这说明大尺度因子在较大空间尺度上对侵蚀沟影响更大，高程差异、起伏以及变异对于侵蚀沟的形成具有重要作用。从植被上来看，Ⅰ区受植被覆盖度影响，而Ⅱ区受净初级生产力影响大，Ⅰ区主要植被是大豆、玉米等粮食作物，常年生林地植被较少，玉米、大豆生长季影响着侵蚀沟产生，在这里植被覆盖度与侵蚀沟关系是负的2次方关系，说明在一定生长阶段里侵蚀沟较易产生，Ⅱ区由于靠近小兴安岭余脉，为低山丘陵区，生长着大量常年生植被，对于抑制侵蚀有重要作用，NPP一定程度上反映了植被的生长状况，从相关关系来看，随着NPP增加侵蚀沟密度是减少的。从土地利用要素层来看，路网密度与侵蚀沟之间的关系较为明显，随着路网密度的增加，侵蚀沟密度增加，多个研究表明，不同环境下，道路的建设增加了沟蚀的风险性（Moeyersons，1991；Montgomery，1994；Wemple et al.，1996；Croke et al.，2001；Nyssen，2001），本书也存在此现象。而土地利用程度变化指数、土地利用面积变化率说明不是简单的土地利用状况就决定了侵蚀沟的产生，实际上土地利用变化的程度和速率这种相对指标更加具有重要性，Ⅱ区中土地利用程度变化指数关系不太明显，这可能是由于该区开垦较Ⅰ区晚，加之较好的植被保护，使土地利用开发程度不如Ⅰ区强烈。

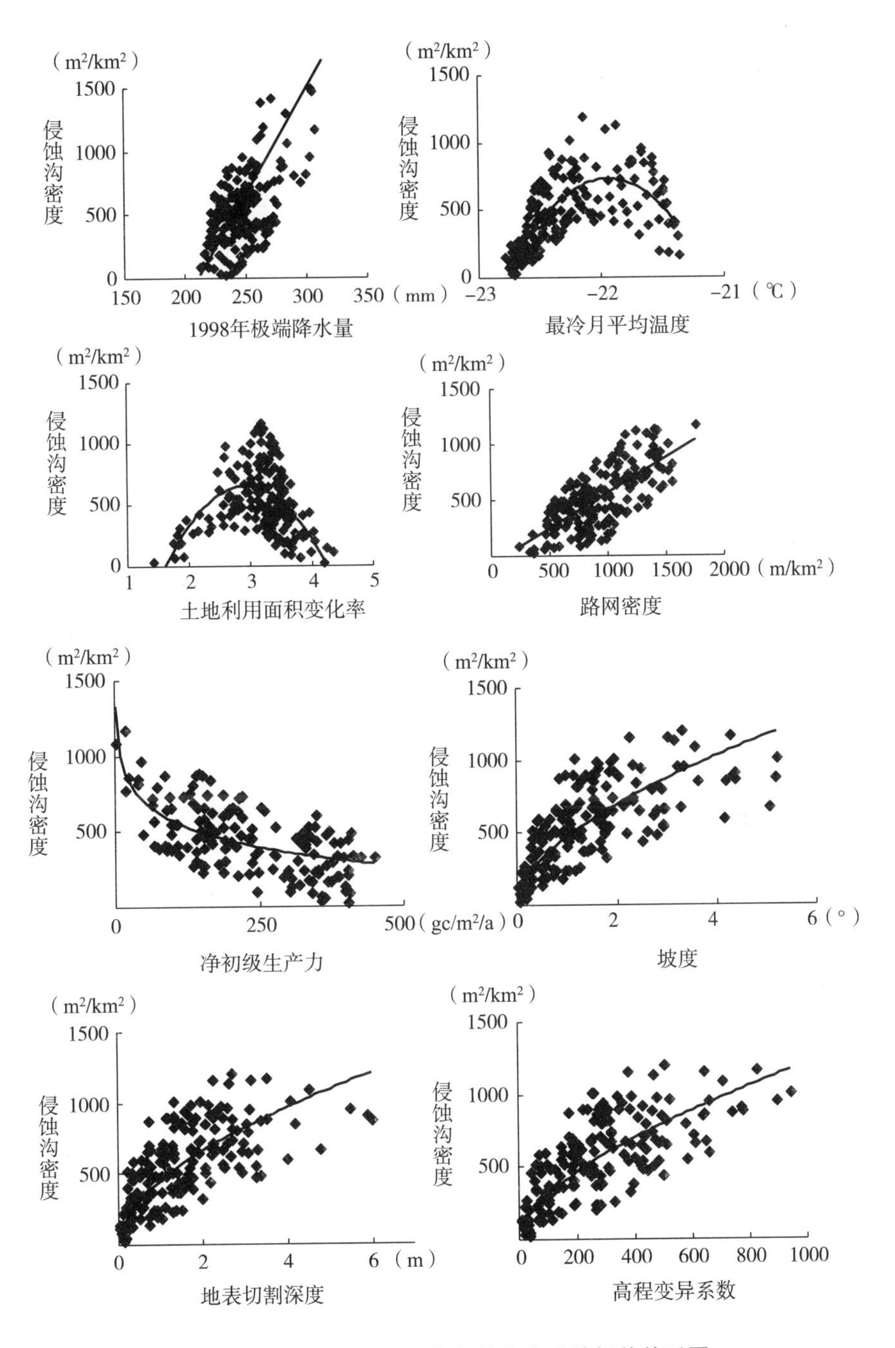

图 7-2　Ⅱ区侵蚀因子与侵蚀沟密度的相关关系图

二、多因子分析

经过上面的单因子分析，获取了一些与侵蚀沟相关的单因子，但是，这些因子之间可能会有高度相关的状况存在，也就是说因子之间会存在多元共线性的问题。Logistic 模型建立时对于自变量中存在多元共线性很敏感，这样会导致回归系数的值下降而标准误增加的状况，进而造成模型的结果不准确。但是当多元共线性不太严重时，一般因子之间的相关程度小于 0.5 以前问题尚不太严重，其系数估计还是无偏且有效的，对于构建模型的影响可以忽略。为此本书对自变量因子进行因子分析，因子分析的主要目的是探求数据中的基本结构，找到众多的变量中具有代表性的主要信息，使方程包含尽可能多的对侵蚀沟有较大影响的变量，同时使这些变量排除多元共线性问题，为 Logistic 模型的实现选择最好的因子。

（一）原始数据标准化

在模型构建中，由于各评价指标的量纲不同以及度量的方式不同，指标之间的差异很大，因此不具有直接可比性，必须进行数据标准化处理，即消除量纲差异。因此，对数据进行标准变换：

$$Z_i = \frac{x_i - \bar{x}}{S} \tag{7-15}$$

式中，$\bar{x}$ 为样本均值；S 为样本标准差；Z_i 为无量纲数据，标准变化后可以进行相互比较。标准变化后，均值为 0，标准差为 1。

（二）计算变量相关系数矩阵

相关矩阵是因子分析直接要用的数据，计算出的相关矩阵还可以进一步判断引用因子分析法是否合适，同时根据获得的相关系数可以分析得出哪些因子具有相关性。为将相关性较大的因子进行合理剔除，选择对侵蚀沟影响大的因子，并且彼此之间独立性强，起到优化数据的作用，对于建立合理有效的模型非常重要。表 7-2、表 7-3 为建立的Ⅰ区和Ⅱ区各因子之间的相关系数矩阵。

表 7-2　乌裕尔河、讷谟尔河流域西南部低海拔冲积台地中度侵蚀区（Ⅰ）相关系数矩阵

	1998 年极端降雨量	极端最低气温	土地利用程度变化指数	土地利用面积变化率	路网密度	植被覆盖度	坡度	地形起伏度	地表切割深度	高程变异系数
1998 年极端降雨量	1. 000									
极端最低气温	-0. 150	1. 000								
土地利用程度变化指数	-0. 397	-0. 265	1. 000							
土地利用面积变化率	-0. 479	-0. 242	0. 836	1. 000						
路网密度	0. 590	-0. 157	-0. 291	-0. 416	1. 000					
植被覆盖度	-0. 002	-0. 328	-0. 017	0. 100	0. 091	1. 000				
坡度	-0. 243	-0. 163	0. 107	0. 310	-0. 141	0. 227	1. 000			
地形起伏度	-0. 418	-0. 270	0. 258	0. 497	-0. 232	0. 330	0. 668	1. 000		
地表切割深度	-0. 237	-0. 169	0. 105	0. 306	-0. 132	0. 233	0. 995	0. 678	1. 000	
高程变异系数	-0. 182	-0. 155	0. 043	0. 210	-0. 081	0. 188	0. 974	0. 555	0. 974	1. 000

表 7-3　乌裕尔河、讷谟尔河流域东北部低海拔丘陵轻度侵蚀区（Ⅱ）相关系数矩阵

	1998 年极端降雨量	最冷月平均温度	土地利用面积变化率	路网密度	净初级生产力	坡度	地表切割深度	高程变异系数
1998 年极端降雨量	1. 000							
最冷月平均温度	-0. 534	1. 000						
土地利用面积变化率	0. 390	-0. 106	1. 000					
路网密度	0. 791	-0. 224	0. 455	1. 000				
净初级生产力	0. 002	-0. 010	-0. 075	-0. 036	1. 000			
坡度	-0. 064	-0. 041	-0. 169	-0. 219	0. 053	1. 000		
地表切割深度	-0. 055	-0. 058	-0. 168	-0. 214	0. 050	0. 995	1. 000	
高程变异系数	-0. 026	-0. 056	-0. 154	-0. 171	0. 044	0. 984	0. 983	1. 000

从Ⅰ区的相关系数矩阵可以看出来，两个衡量土地利用变化的指标——土地利用程度变化指数和土地利用面积变化率具有较高的相关性，相关系数达到0.836；另外就是表征地形特征的坡度、地形起伏度、地表切割深度、高程变异系数之间具有较高的相关性，相关系数达0.9以上。这说明在分区Ⅰ中以上几个因子存在共线性，需要从中选择显著因子进行模型构建。而在Ⅱ区中，1998年极端降雨量与路网密度存在相关性，相关系数为0.791；另外，表征地形特征的坡度、地表切割深度、高程变异系数之间具有较高的相关性，相关系数达0.9以上，这说明在分区Ⅱ中以上几个因子存在共线性，需要从中选择显著因子进行模型构建。

（三）计算贡献率和累积贡献率，确定因子个数

因子贡献表明每个公因子对数据的解释能力，可以用该因子所解释的总方差来衡量，通常称为该因子的贡献。一般情况下，取特征值大于等于1或者接近于1的主成分作为初始因子，或者因子累积解释方差的比例达到70%以上。

通过表7-4、表7-5和图7-3、图7-4我们可以发现，Ⅰ区前3个主成分因子的特征值均大于1，累积贡献率已达到77.195%，Ⅱ区前3个主成分因子的特征值均大于1，累积贡献率已达到79.654%，碎石图基本从第3个因子以后变化不大，可以看出运用前3个主成分可以替代原始因子所代表的全部的信息。因此，本书运用前三个主成分的相关信息进行相关因子变量的讨论。

表7-4　Ⅰ区主成分分析

主成分因子	特征值	贡献率（%）	累积贡献率（%）
1	4.112	41.121	41.121
2	2.145	21.453	62.574
3	1.462	14.621	77.195
4	0.874	8.736	85.931
5	0.519	5.189	91.120

续表

主成分因子	特征值	贡献率（%）	累积贡献率（%）
6	0. 427	4. 274	95. 393
7	0. 330	3. 298	98. 692
8	0. 111	1. 106	99. 798
9	0. 015	0. 155	99. 952
10	0. 005	0. 048	100

表 7-5　Ⅱ区主成分分析

主成分因子	特征值	贡献率（%）	累计贡献率（%）
1	3. 158	39. 475	39. 475
2	2. 196	27. 454	66. 929
3	1. 018	12. 725	79. 654
4	0. 883	11. 033	90. 687
5	0. 588	7. 344	98. 031
6	0. 134	1. 672	99. 703
7	0. 019	0. 233	99. 936
8	0. 005	0. 064	100

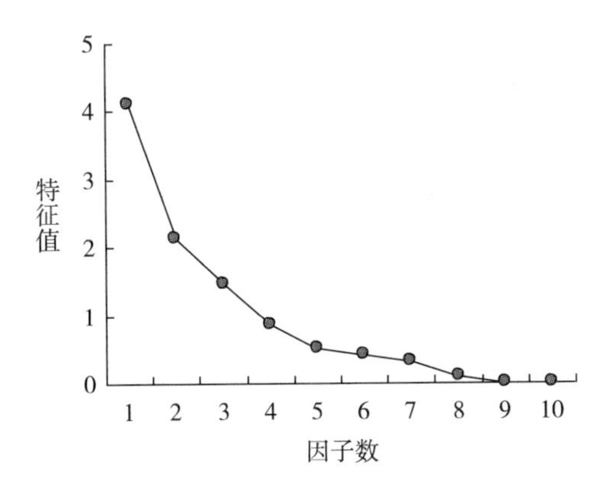

图 7-3　Ⅰ区碎石图

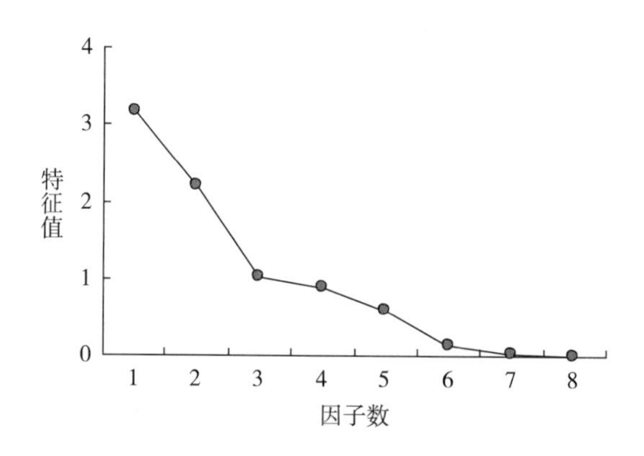

图 7-4　Ⅱ区碎石图

（四）因子负载的计算

因子负载是因子分析中最重要的统计量，它是连接观测变量和公因子之间的纽带，而且反映了变量和因子之间的相关程度，a_{ij} 的绝对值越大，表示公因子与变量的关系越密切。实际中，一般认为绝对值大于 0.3 的因子负载是显著的。因子负载的绝对值越大，在解释因子时越重要。因为因子负载是观测变量和因子之间的相关系数，负载的平方表示了因子所解释的变量的总方差。对于 0.3 的负载而言，变量的方差能被该因子解释的部分不足 10%，所以，实际中小于 0.3 的负载一般可以不解释，因子负载的显著性和样本规模、观测变量数及公因子的序次有关，样本规模增大或观测变量数增多，使因子负载的显著性提高，即较小的因子负载就可以认为是显著的。从第一个因子到最后一个因子，因子负载的显著性逐渐降低，即对于排在后面的因子，要求较大的因子负载才能被接受，因为对于越后面的因子，误差方差越大。

从表 7-6 中Ⅰ区的因子载荷矩阵来看，坡度、地形起伏度、地表切割深度以及高程变异系数在第一主成分上有较高的负载；1998 年极端降雨量、土地利用程度变化指数、土地利用面积变化率、路网密度在第二主成分上载荷较高；极端最低温和植被覆盖度在第三主成分上载荷较高。因此，Ⅰ区上的因子载荷基本可以解释为第一主成分主要反映了地形信息，而第二主成分主要反映了人类活动影响力，第三主成分反映了一定的自然状态。

表 7-6　Ⅰ区因子载荷矩阵

变量	主成分		
	Ⅰ	Ⅱ	Ⅲ
1998 年极端降雨量	-0.246	-0.715	0.354
极端最低气温	-0.096	-0.121	-0.843
土地利用程度变化指数	-0.043	0.847	0.282
土地利用面积变化率	0.189	0.877	0.243
路网密度	-0.126	-0.658	0.446
植被覆盖度	0.263	-0.029	0.582
坡度	0.980	0.097	0.063
地形起伏度	0.691	0.399	0.223
地表切割深度	0.982	0.092	0.073
高程变异系数	0.964	-0.001	0.041

从表 7-7 中Ⅱ区的因子载荷矩阵来看，坡度、地表切割深度以及高程变异系数在第一主成分上有较高的负载；1998 年极端降雨量、最冷月平均温度、土地利用面积变化率、路网密度在第二主成分上载荷较高；净初级生产力在第三主成分上载荷较高。因此，Ⅱ区上的因子载荷基本可以解释为第一主成分主要反映了地形的影响力，而第二主成分主要反映了自然和人类活动影响力，第三主成分反映了一定的植被的影响状态。

表 7-7　Ⅱ区因子载荷矩阵

变量	主成分		
	Ⅰ	Ⅱ	Ⅲ
1998 年极端降雨量	0.009	0.938	0.056
最冷月平均温度	-0.129	-0.606	-0.249
土地利用面积变化率	-0.157	0.587	-0.302

续表

变量	主成分		
	Ⅰ	Ⅱ	Ⅲ
路网密度	-0.173	0.848	-0.086
净初级生产力	0.014	-0.012	0.930
坡度	0.992	-0.074	0.014
地表切割深度	0.993	-0.063	0.016
高程变异系数	0.990	-0.033	0.006

（五）模型构建因子的选择

利用因子负载，把研究区的两个分区下的所有因子变量都归为由3个主成分决定的变量，主成分载荷是主成分与变量之间的相关系数，一般可以选取其中相关系数绝对值最大的作为代表。因此，可以看出，本研究中，Ⅰ区中坡度、地形起伏度、地表切割深度、高程变异系数、1998年极端降雨量、土地利用程度变化指数、土地利用面积变化率、路网密度、极端最低温和植被覆盖度等几个指标分别在3个主成分中具有较高的解释含义，Ⅱ区中坡度、地表切割深度、高程变异系数、1998年极端降雨量、最冷月平均温度、土地利用面积变化率、路网密度、净初级生产力分别在3个主成分中具有较高的解释含义，然后参考表7-2、表7-3中相关系数矩阵确定的因子关系，选择出因子负载最高，同时没有相关关系的因子来进行模型构建，表7-8为最终选择的构建模型的指标因子变量。

表7-8　模型构建所需因子

分区	因子变量
Ⅰ区	1998年极端降雨量、土地利用面积变化率、极端最低气温、植被覆盖度、坡度
Ⅱ区	1998年极端降雨量、土地利用面积变化率、净初级生产力、坡度

从表7-8中可以看出，1998年的极端降雨量、土地利用面积变化率在两个区域中都有重要作用，这说明极端降雨事件对于侵蚀具有重要的意

义，它的破坏作用非常强烈；另外，土地利用面积变化率表明了人类的影响，研究区毁林开荒、陡坡开垦、只种不养等加速土地利用的方式，加大侵蚀作用明显；Ⅰ区中的植被覆盖度和Ⅱ区中的净初级生产力都反映了植被与侵蚀具有相关关系；最后，坡度从所有地形因子中选择出来，作为构建模型的地形因子。

第三节　多因素控制下沟蚀发生风险评价模型构建

根据以上分析得到的主要沟蚀因子以及建立的沟蚀因子指标，采用 Logistic 模型建立适合两个分区的侵蚀沟发生风险评价模型，在这过程中经过异常点查找、模型拟合优度检验等，对模型进行改进。最终，形成乌裕尔河、讷谟尔河流域西南部低海拔冲积台地中度侵蚀区（Ⅰ）和乌裕尔河、讷谟尔河流域东北部低海拔丘陵轻度侵蚀区（Ⅱ）两个分区的模型，并且最终对于整个研究区的侵蚀沟发生风险进行了预测。

一、模型构建

Logistic 模型是一种对二分类因变量（因变量取值有 1 或 0 两种可能）进行回归分析时经常采用的非线性分类统计方法（王济川等，2001），该方法是由比利时生物数学家于 1883 年创立，但长期不被重视，直到 20 世纪 20 年代才被生物学家和人口统计学家 Pearl 和 Reed 重新发现（梁芳等，2008），此后该模型在人口统计和预测中推广使用，并受到广泛关注，曾成功用于野生动物栖息地变化、森林火灾预测、林地退化、交通、医学和农户行为研究中（李雪平等，2005；Naru Malani S.，1997；许传青等，2005；刘宏杰，2001；杜文星等，2005）。

本书中设 x_1，x_2，x_3，…是与因变量侵蚀沟 Y 相关的一组因子指标向量，设 P 是侵蚀沟发生的概率，将比数 P/(1-P)取对数得 ln[P/(1-P)]，即对 P 作 Logistic 变换，记为 logit(P)，有：

$$Y=\ln\frac{P}{1-P}=\alpha+\beta_1x_1+\beta_2x_2+\Lambda+\beta_ix_i \tag{7-16}$$

$$P=\frac{\exp(\alpha+\beta_1x_1+\beta_2x_2+\Lambda+\beta_ix_i)}{1+\exp(\alpha+\beta_1x_1+\beta_2x_2+\Lambda+\beta_ix_i)} \tag{7-17}$$

式中，P 为概率，为定性变量或具有二分性的变量，出现侵蚀沟的地方为 1，不出现侵蚀沟的地方为 0；α 为常数项，表示自变量取值全是 0 时，比数（Y=1 与 Y=0 的概率之比）的自然对数；x_i 为影响侵蚀沟形成的因子；β_i 为 Logistic 的偏回归系数，表示变量 x_i 对 Y 或 logit（P）的影响的大小。

本书根据获取的侵蚀沟信息和最终选择的与侵蚀沟形成具有重要关系且不存在多元共线性的因子，通过在研究区运用随机采样的方式，选择 50%的数据用作训练样本来构建模型，另外 50%作为测试样本来验证模型精度，经过反复验证和调试构建了研究区不同分区下的侵蚀沟发生风险评价模型，表 7-9 和表 7-10 中的 Wald 值远大于 1 和 Sig. 值小于 0.05 说明各变量的系数 b 对于事件发生具有显著性，符合统计假设条件。据此构建了侵蚀沟发生风险评价模型。

表 7-9　I 区侵蚀沟发生风险评价模型参数

因子	系数 b	Wald	df	Sig.	Exp.（B）
1998 年极端降雨量	0.004	13.626	1.000	0.000	1.004
极端最低气温	-2.131	261.091	1.000	0.000	0.119
土地利用面积变化率	-0.783	434.502	1.000	0.000	0.457
植被覆盖度	1.624	110.760	1.000	0.000	5.073
坡度	0.996	3357.342	1.000	0.000	2.707
常数	-76.182	248.129	1.000	0.000	0.000

表 7-10　Ⅱ区侵蚀沟发生风险评价模型参数

因子	系数 b	Wald	df	Sig.	Exp.（B）
1998 年极端降雨量	0.091	397.528	1.000	0.000	1.095
土地利用面积变化率	0.111	0.198	1.000	0.656	1.118
净初级生产力	−0.009	217.991	1.000	0.000	0.991
坡度	−1.341	284.917	1.000	0.000	0.262
常数	−19.133	183.957	1.000	0.000	0.000

二、特异值和特殊影响案例查找

通常情况下，模型构建过程中观测数据如果存在特异值和特殊影响案例会对回归估计产生非常大的影响，因此，诊断和查找这些点并将其排除对于模型构建的准确度具有重要意义，本书采用标准化残差（Pearson 残差）和杠杆度（Leverage）来检测哪些评价因子值对预测值产生影响较大。

为了识别特异值，残差指标测量了每个案例的观测与模型拟合结果之间的差别程度，因此，如果一个观测案例导致异常大的残差绝对值便是特异值，本书采用标准化残差（Pearson 残差）来检查特异值，以这个指标标识的残差特异点的临界点是±2，当 Pearson 残差在［−2，2］区间时，代表没有特异值，运用此指标检查观测数据特异值，反复修改，使观测数据合理，图 7-5、图 7-6 为残差图，说明观测数据中已无特异值。

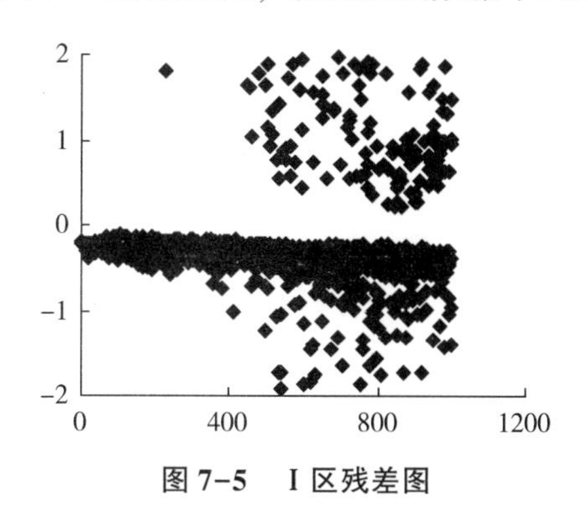

图 7-5　Ⅰ区残差图

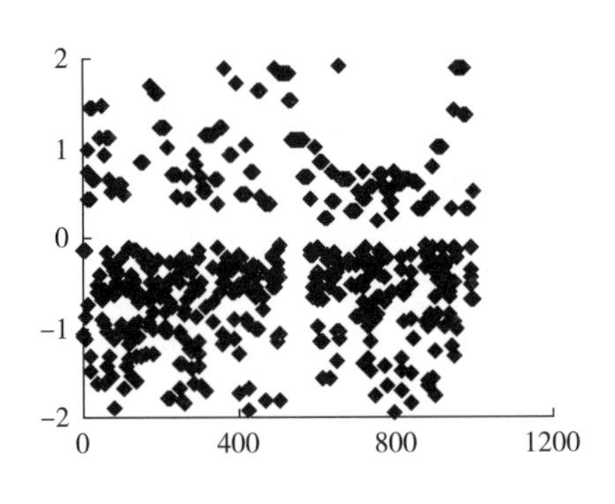

图 7-6　Ⅱ区残差图

检查残差也不能完全辨认出特殊影响案例，因为一个案例具有最小残差，也可能影响模型的系数估计，当一个案例在其自变量值方面距离其他案例遥远时，便可能有特殊影响，本书用杠杆度（Leverage）hi 来检查这种特殊影响案例，当 hi>2（K+1）/n 时就可以说是异常值大，此时，K 为变量数，n 为观测样点数。据此得出，Ⅰ区大于 0.00065 的杠杆值为异常点，Ⅱ区大于 0.00351 为杠杆值，图 7-7、图 7-8 为最终的杠杆度图，符合要求，没有异常点出现。

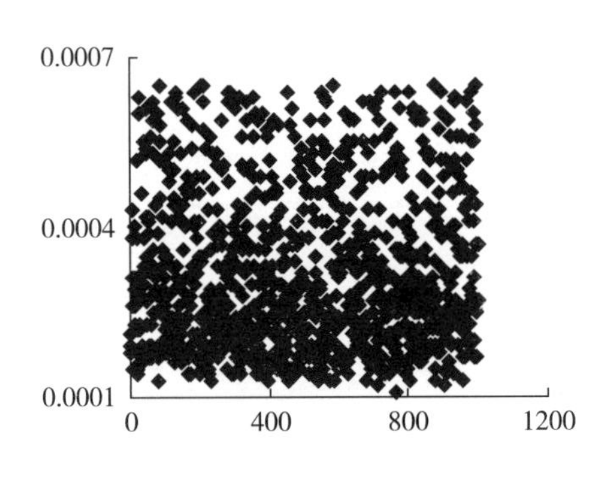

图 7-7　Ⅰ区杠杆度图

三、模型精度验证

模型建立以后，需要考虑模型的适当性，度量其适当性的指标主要有以下 3 种，即拟合优度、预测准确性和模型的 χ^2 检验。

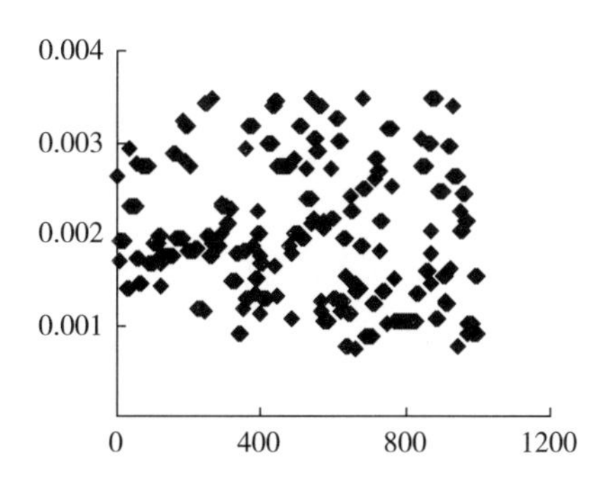

图 7-8　Ⅱ区杠杆度图

（一）拟合优度

模型完成后，需要评价模型如何有效地描述反应变量及模型匹配观测数据的程度，如果模型的预测值能够与对应的观测值具有较高的一致性，就认为这个模型拟合数据较好，否则，将不能接受这个模型，需要对模型重新设置。本书中模型构建的自变量指标既有连续变量又有离散变量，因此，采用 Hosmer-Lemeshow 拟合优度指标来衡量拟合优度。当 Hosmer-Lemeshow 不显著时，表示模型拟合数据很好，如果显著则表示拟合不好，从表 7-11 中可以发现 Hosmer-Lemeshow 值在两个分区都不显著，说明拟合优度还是比较好的。

表 7-11　Hosmer-Lemeshow 统计表

分区	Chi-square	Sig.
Ⅰ区	271. 19	0. 17
Ⅱ区	98. 12	0. 12

（二）预测准确性

对 Logistic 模型的另一种评价是模型的预测准确性，本书用两个指标来衡量预测准确性，分别为类 R^2 指标和分类表。

1. 类 R^2 指标

除了拟合优度外，通常模型的 R^2 也是重要的指标，在线性回归中，

R^2 指模型的因变量变动中由自变量所“解释”的百分比，但是在 Logistic 模型中却没有相应的指标，然而在模型似然值对数的基础上，可以为模型计算某种类似 R^2 的指标，在这用 Nagelkerke R^2 表示，这个指标与经典的 R^2 定义相一致，对于模型参数的最大似然估计可以保证类 R^2 取得最大值，其具有渐近独立于样本规模的性质，可以解释为变异中被解释的比例，最终在Ⅰ区得到的 Nagelkerke R^2 值为 0.597，而在Ⅱ区得到的 Nagelkerke R^2 值为 0.551，总的来说两者分区的类 R^2 值比较高，对于模型的解释比较好。

2. 分类表

分类表是将观测案例分为事件发生或不发生的频数表，通过比较预测事件概率和设定的概率的界限，便可将事件分为预测事件发生或不发生，一旦所有观测分为预测发生和不发生，便可以建立一个 2×2 的交互表来比较预测情况和实际情况，这就是分类表（见表 7-12）。

表 7-12　精度分类

分区	观测值		预测值		
			是否侵蚀沟		正确率（%）
			否	是	
Ⅰ区	是否侵蚀沟	否	3417	769	81.63
		是	779	1840	70.26
	总体精度（%）				77.25
Ⅱ区	是否侵蚀沟	否	813	349	69.97
		是	248	1439	85.30
	总体精度（%）				79.05

从精度分类表中可以看出，Ⅰ区和Ⅱ区的分类的总体精度还是比较高的，分别达到了 77.25% 和 79.05%，Ⅰ区的非侵蚀沟区的正确率是 81.63%，高于侵蚀沟区的正确率（70.26%），而Ⅱ区的情况相反，是侵蚀沟区的精度（85.3%）高于非侵蚀沟区的精度（69.97%），但是总体上来

看，不论是各类型的正确率还是总体精度都基本达到了70%以上，这说明模型的总体精度还是不错的，可以使用。

（三）模型的 χ^2 检验

为了对模型进行有意义的解释，要求模型中的自变量必须对因变量具有显著的解释能力，也就是说所设模型比零假设模型（只包含常数项的模型）要好。在多元线性回归以及ANOVA模型中，常用自由度分别为K和n-K-1的F检验来检验"除常数项外的所有系数都等于0"的无关假设。而在Logistic模型中服务于同一目的的是似然比检验，它可以用于检验Logistic模型是否统计性显著，似然比统计量近似地服从于 χ^2 分布（Hanushek & Jackson，1997；Aldrich & Nelson，1984；Greene，1990）。模型 χ^2 检验值不是关于模型对数据拟合优度的检验，而是关于自变量是否与所研究的事件的对数发生比线性相关的检验。按理想状况，最好是模型 χ^2 统计性显著而拟合优度统计项不显著。从表7-13中可以看出，Ⅰ、Ⅱ区的模型 χ^2 统计检验显著性很强，都为0值，并且两个分区拟合优度都不显著，说明以上两个模型的精度较高，可以使用。

表7-13　模型 χ^2 统计表

分区	Model Chi-square	Sig.
Ⅰ区	6499.315	0.00
Ⅱ区	514.0987	0.00

第四节　乌裕尔河、讷谟尔河流域沟蚀发生风险评价

根据第三节得到的两个分区——乌裕尔河、讷谟尔河流域西南部低海拔冲积台地中度侵蚀区（Ⅰ）和乌裕尔河、讷谟尔河流域东北部低海拔丘

陵轻度侵蚀区（Ⅱ）的沟蚀发生概率预测模型，本节进行乌裕尔河、讷谟尔河流域侵蚀沟发生风险分布格局推演以及将推演结果与第六章得到的基于SA地貌临界理论预测的侵蚀沟发生脆弱区进行比较分析，最终实现乌裕尔河、讷谟尔河流域沟蚀发生风险评价研究。

一、乌裕尔河、讷谟尔河流域侵蚀沟发生风险分布格局推演

（一）发生风险分布格局获取

根据表7-9和表7-10中的参数，构建了两个区域的沟蚀发生风险评价模型，分别为：

$$P_{\mathrm{I}}=\frac{\exp^{(-76.182+0.996\times 坡度+1.624\times 植被覆盖度-0.783\times 土地利用变化率-0.2131\times 极端最低气温+0.004\times 1998年极端降雨量)}}{1+\exp^{(-76.182+0.996\times 坡度+1.624\times 植被覆盖度-0.783\times 土地利用变化率-0.2131\times 极端最低气温+0.004\times 1998年极端降雨量)}} \tag{7-18}$$

$$P_{\mathrm{II}}=\frac{\exp^{(-19.133-1.341\times 坡度-0.009净初级生产力+0.111\times 土地利用变化率+0.091\times 1998年极端降雨量)}}{1+\exp^{(-19.133-1.341\times 坡度-0.009净初级生产力+0.111\times 土地利用变化率+0.091\times 1998年极端降雨量)}} \tag{7-19}$$

根据上述模型，预测了研究区的沟蚀发生的概率分布示意图，如图7-9所示。

从图7-9可以看出，沟蚀发生的高危区主要是以北西南东走向分布，这些地区主要包括拜泉东部，克东南部，克山北部、东部，讷河北部，嫩江，北安和五大连池西部地区，而不易发生侵蚀沟的地区主要是在东北部的低山丘陵区和西南部的平原区以及乌裕尔河和讷谟尔河两河所在地区。

上面的分布示意图只能大体上看出侵蚀沟发生概率的分布状况，为了进一步分清研究区侵蚀沟发生的分布格局，根据对研究区侵蚀沟的实地调查对比，参照水利部土壤侵蚀分类分级标准（水利部水土保持司，2006），然后运用聚类分析法，将乌裕尔河、讷谟尔河流域的侵蚀沟发生概率分布图分为六个等级，得到不同等级的评价标准、聚类中心点、分布面积，并且对每个类型的特征进行了简单的描述（见表7-14）。

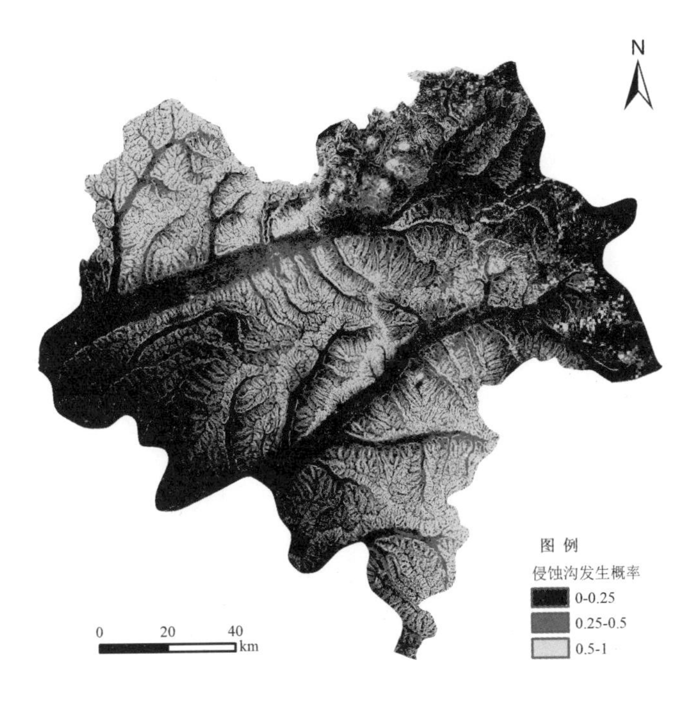

图 7-9 乌裕尔河、讷谟尔河流域侵蚀沟发生概率分布示意图

表 7-14 侵蚀沟发生分级表

级别	聚类中心	面积（km^2）	发生概率范围	特征评价
微度	0.058	4578.67	0~0.116	侵蚀沟几乎没有发生的可能，是侵蚀沟不易发生区
轻度	0.175	5909.97	0.116~0.240	在极大的自然和人为因素干扰下有可能产生侵蚀沟，侵蚀沟发育的概率较小，是较难产生侵蚀的地区
中度	0.305	4382.28	0.240~0.388	具有侵蚀沟发育的基本条件，侵蚀沟产生的概率中等，一定强度的人为干扰将导致侵蚀产生
强度	0.472	3107.75	0.388~0.573	侵蚀沟发育的条件良好，侵蚀沟产生概率大，一旦受到人为干扰，侵蚀沟就会出现
极强度	0.674	2453.97	0.573~0.788	坡度较大，具有一定的汇水面积，侵蚀沟发生概率非常大，自然条件下易形成集水线，土地一旦受到干扰，植被覆盖减少，侵蚀沟立即出现
剧烈	0.903	2103.60	0.788~1	坡度大，汇水面积大，侵蚀沟产生概率极高，植被一旦破坏，侵蚀沟立即产生

为了进一步验证精度，将研究区的侵蚀沟解译图与侵蚀沟发生分布图相叠加，参照表 7-14 侵蚀沟发生风险分级表，将轻度以下的侵蚀沟发生区看作不易于侵蚀沟发生的区域，即分布概率在 0~0. 24 的区域，其值为 0，而后面的 4 类，即范围在 0. 240~1 的为易于发生区域，值为 1。采用误差分类混淆矩阵对分类结果加以验证，总体分类精度达到 83%，这也进一步表明运用多因素模型得到的侵蚀沟发生风险分布状况图精度上是可以接受的。图 7-10 为进行分级后的侵蚀沟预测分布分级图，图 7-11 为叠加侵蚀沟的预测分布分级图，可以看出预测得到的侵蚀沟发生风险分布示意图与当前的分布状况基本吻合。

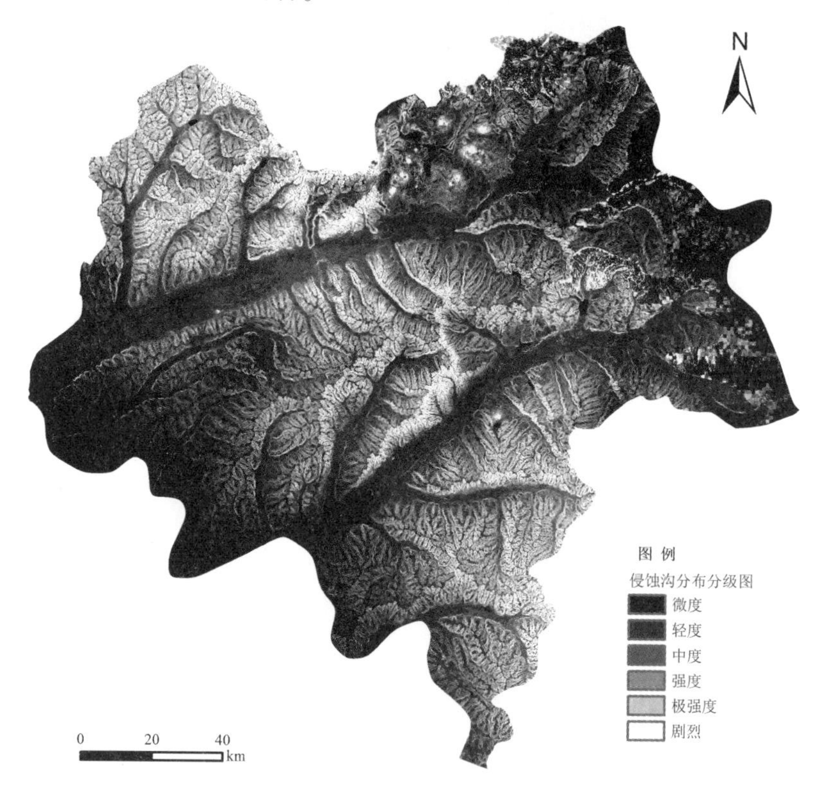

图 7-10　侵蚀沟预测分布分级图

（二）不同模型之间的沟蚀发生风险评价对比分析

本书在第六章中基于地貌临界关系 $S=aA^{-b}$ 对于研究区侵蚀沟的发生风

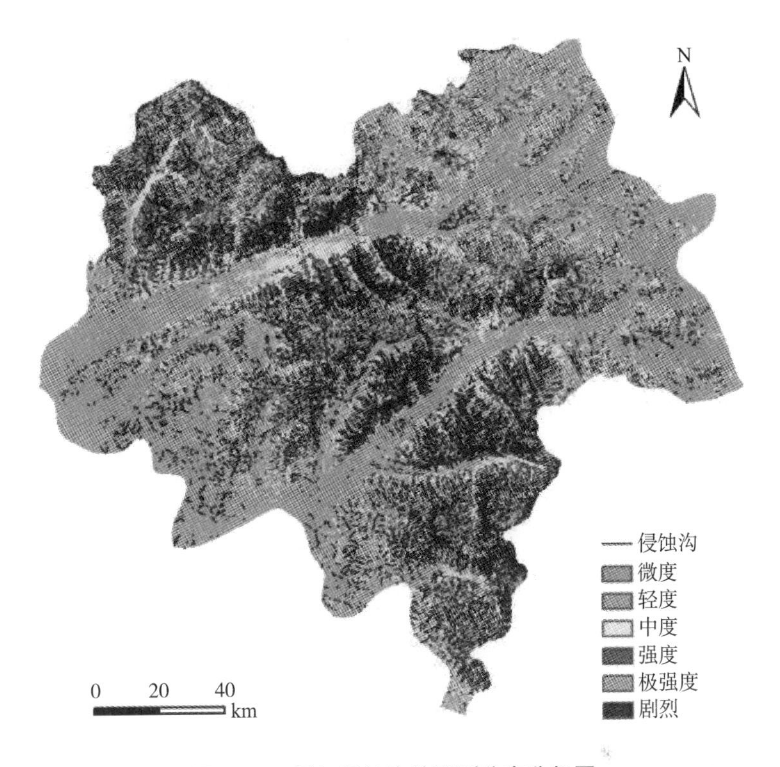

图 7-11　叠加侵蚀沟的预测分布分级图

险分布进行了预测，但仅仅是将区域分为易于侵蚀区和不易于侵蚀区，没有进行更进一步的分级，本章预测了沟蚀发生的概率分布图，同时，获取了研究区不同发生风险等级的侵蚀沟分布图，将轻度以下的区域认为是不易发生侵蚀的区域，将这两种预测的结果进行对比分析。

首先，从图 7-12 和图 7-13 的分布情况来看，将研究区分为易于侵蚀区和不易于侵蚀区的预测基本上是一致的，侵蚀不易发生的地区都在河流分布区、河漫滩以及山脊线附近区，但是可以看出来在东南角处的五大连池和北安的低山丘陵处，运用 $S=aA^{-b}$ 进行预测是侵蚀易于发生的地方，而运用多因素构建模型得到的是侵蚀不易发生区，出现这种差异的主要原因是在用 $S=aA^{-b}$ 进行预测时，只考虑地形因素对于侵蚀沟形成的影响而不考虑别的因素的影响，该区由于地处低山丘陵地带，坡度较大，因此容易产生侵蚀。而在多因子条件下构建模型，实际上由于考虑到了植被因素，该区虽然坡度大，但是其植被生长状况良好，多数为乔灌木，覆盖度非常高，抑制侵蚀的功能良好，因此不易产生侵蚀。另外，在西南角的讷河、依安等处，也存在着差异，多因素条件得到的侵蚀沟不易发生区域大于$S=aA^{-b}$进行的预测。产生两者差异的原因应该与该处较其他地方植被覆盖度高、土地利用变化速率较慢以及冻融作用不及其他地区强烈有关，多因素的加入可以考虑到这些差异，这也进一步说明了多因素条件下考虑的条件更多，可以达到更好的预测效果。最终运用混淆矩阵对两种预测结果加以验证，一致性的总体精度为75.61%，kappa系数为0.61，这也进一步表明两种模型对于侵蚀沟是否发生的预测吻合程度较好。

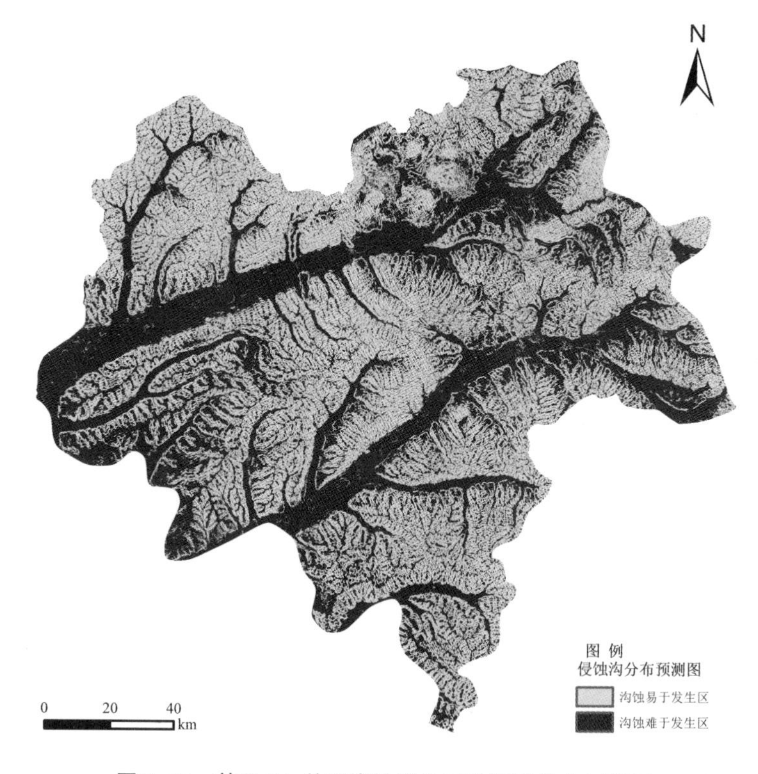

图 7-12　基于 SA 关系沟蚀发生风险预测分布示意图

上面将多因素条件下得到的侵蚀沟发生风险分布图分为易于侵蚀和不

图 7-13　基于多因素关系沟蚀发生风险预测分布示意图

易于侵蚀两类，进行对比分析得到了两者的格局分析图，为了进一步分析两种模型得到的侵蚀沟发生风险分布的异同，进而最终分析得到研究区最优的沟蚀发生风险分布格局图，将基于 SA 关系得到的预测分布图与多因素分级后的侵蚀沟分布图进行叠加分析，得到了两者不同等级格局差异图（见图 7-14），同时，得到了各种差异结果数据（见表 7-15）。首先，分析 SA 关系预测的易于侵蚀区下多因素预测模型与其差异，从图 7-14 和表 7-15 中可以看出，位于西北角的北安和五大连池市的区域在 SA 关系预测中是易于侵蚀区，而在多因素预测中是不易于侵蚀区，该部分的面积为 1341.70 平方千米，占整个研究区面积的 5.95%。该部分由于位于山区，植被覆盖较好，受人类扰动小，因此，虽然坡度较大，仍然属于不易侵蚀区，这一情况与实际状况也很吻合。而更为重要的是多因素条件下构建的

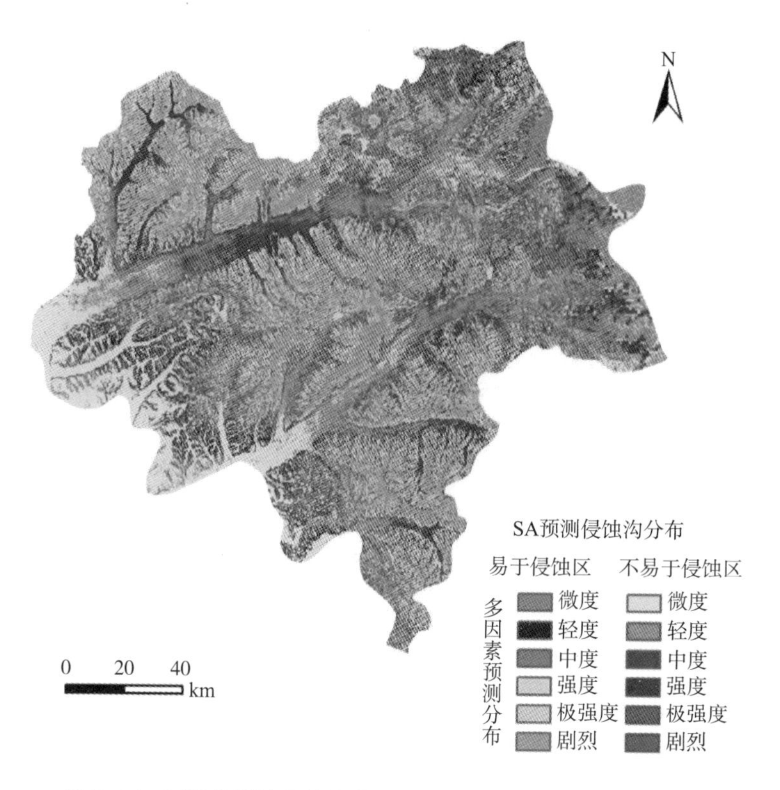

图 7-14　两种模型的侵蚀沟发生风险预测分布差异对比示意图

模型，将 SA 获取的易侵蚀区进一步分为轻度、中度、强度、极强度以及剧烈区，其各自面积为 1300.05 平方千米、2287.11 平方千米、2637.88 平方千米、2301.90 平方千米、1967.51 平方千米，分别占研究区面积的 5.77%、10.15%、11.71%、10.22%、8.73%，从图 7-14 可以看出，这些易于侵蚀的地区主要在拜泉东部，克东南部，克山北部、东部，讷河北部，嫩江，北安和五大连池西部地区，沿北西南东走向分布并且距河流水系有一定距离，而侵蚀沟发生的等级的强弱基本是在易于侵蚀区随着坡度增加，产生侵蚀沟的等级增大。其次，对比 SA 关系预测的不易于侵蚀区域与多因素模型的差异，可以看出两种模型预测的不易侵蚀区的分布都在西南角的讷河、依安县内，面积为 3235.02 平方千米，占研究区面积的

14.36%，该部分主要是由于地势平坦，位于河流的下游，是侵蚀淤积过渡区，加上该区土地变化程度不太剧烈，因此是不容易产生侵蚀的地区，这部分是两个模型预测一致的地区。而对于多因素预测模型的轻度和中度侵蚀区，面积分别为4609.39平方千米、2094.73平方千米，占研究区面积的20.46%、9.3%，根据地形条件、土地利用条件、植被状况以及当前侵蚀沟分布状态，认为SA模型的预测更具准确性，因为这两个区域主要为河流附近的沼泽地、漫滩区域，地势低平，应该为不易侵蚀区。多因素模型预测错误可能是由于该区植被覆盖度较其他区域小，同时坡度较相同条件下的其他区域大一些，因此该区应划分成微度侵蚀区。而对于强度、极强度、剧烈区，面积不大，分别占研究区面积的2.08%、0.67%、0.60%，该部分地区基本位于低山丘陵区，大多数是林间地，这部分地区大多数是毁林开荒形成的，这种区域由于坡度较大，土地急剧开发，以及土壤本身抗蚀性差等原因，是侵蚀沟发生发展的剧烈区，多因素模型正确地预测了这种情况。

表7-15　两种预测模型的预测区域差异对比数据

		多因素预测分布					
		微度	轻度	中度	强度	极强度	剧烈
	占区域面积（km^2）						
$S=aA^{-b}$ 预测分布	不易侵蚀区	3235.02	4609.39	2094.73	469.43	151.80	135.89
	易侵蚀区	1341.70	1300.05	2287.11	2637.88	2301.90	1967.51
	占区域面积百分比（%）						
	不易侵蚀区	14.36	20.46	9.30	2.08	0.67	0.60
	易侵蚀区	5.95	5.77	10.15	11.71	10.22	8.73

综上所述，可以发现，多因素模型在预测研究区侵蚀沟的发生分布状况上更有优势，其根据侵蚀沟发生的概率情况，将侵蚀沟发生状况分级，能够更为清楚地获知研究区侵蚀沟不同发生风险的分布等级区。最终，本书将基于SA地貌临界关系模型所得到的侵蚀沟发生风险分布状况与多因

素模型所得到的侵蚀沟发生风险分布状况进行优势互补，获取了研究区最终的不同等级的侵蚀沟发生风险分布状况，如图 7-15 所示。

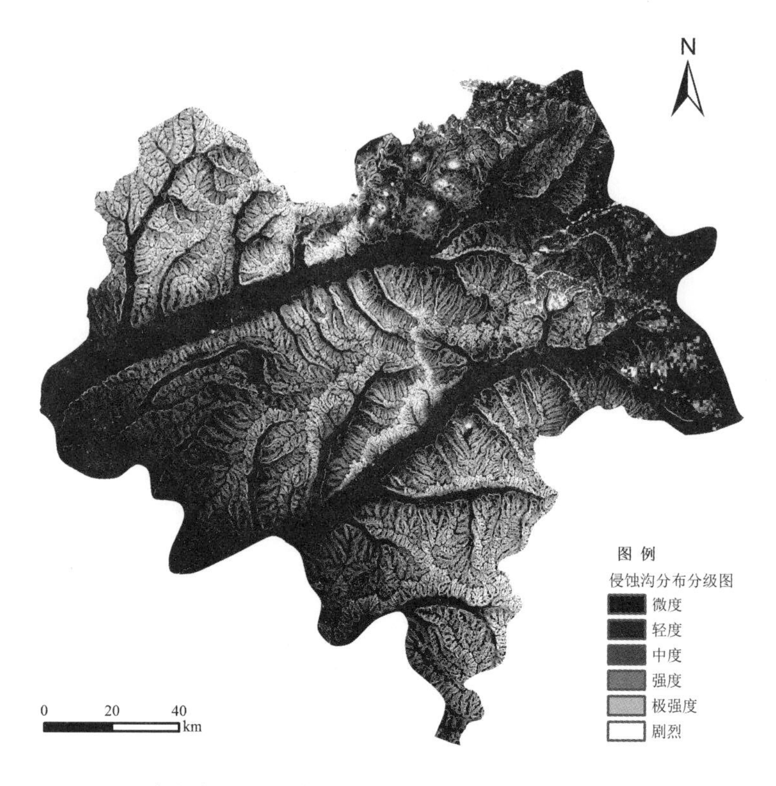

图 7-15　乌裕尔河、讷谟尔河流域侵蚀沟不同等级发生分布示意图

这种分布式方法由于运用 GIS 的栅格数据分析功能，可预测出每个栅格的侵蚀沟发生概率，然后进行分级分析，便于管理者找出较为严重的土壤侵蚀区，并针对性地提出最佳管理措施，有效地提高了沟蚀预测效率和结果的显示，对于有针对性地进行沟蚀防治具有重要的指导意义。

二、乌裕尔河、讷谟尔河流域侵蚀沟发生风险分布格局分析

经过上面的分析，笔者获取了研究区当前侵蚀沟不同等级发生风险分布图，从表 7-16 可知当前研究区微度侵蚀发生区面积为 11337. 20 平方千米，占研究区总面积的 50. 31%，这些区域主要为河流水系以及两岸的沼

泽、河漫滩等地；轻度以上的面积为 11194. 71 平方千米，占研究区面积的 49. 68%；而强度以上侵蚀沟发生的面积为 7631. 89 平方千米，占研究区面积的 33. 87%，说明研究区发生侵蚀沟的潜力很大，给研究区带来很大威胁。从当前研究区沟蚀发生分布状况来看，研究区当前面临着严重的水土流失问题，因为从水土流失的角度来说沟蚀是坡面侵蚀的进一步恶化，而且一旦形成侵蚀沟，坡面侵蚀就会进一步加剧，相应地，坡面侵蚀又会促使沟蚀加剧。该反馈机制提示我们必须加强侵蚀治理，防止侵蚀沟出现，同时应当治理当前已存在的侵蚀。

为了进一步弄清当前研究区沟蚀潜在发生分布状况，笔者获取了研究区各县市的侵蚀沟发生分布状况，以及相应的各县市不同等级的沟蚀发生分布面积及其比例（见表 7-16、表 7-17）。从各县市侵蚀沟发生分布图可以发现，强度以上侵蚀区主要在拜泉中东部、克东中部和南部广大地区、克山北部、讷河北部小部分地区、北安和五大连池西部小部分地区、嫩江整个地区。从表 7-16 和表 7-17 中的数据来看，当前五大连池、讷河、北安的微度侵蚀区面积较大，面积分别为 2417. 57 平方千米、2516. 00 平方千米、2170. 50 平方千米，同时它们占各自县市的比例也非常高，分别为 50. 26%、57. 37%、63. 46%，另外，还需要注意依安县，虽然微度侵蚀面积为 832. 70 平方千米，但是其微度区占该县面积的 72. 65%，因此，可以说这 4 个县市侵蚀状况相对来说稍弱一些，因此对于该区侵蚀沟治理应该是在轻度以上分布区内，未发生侵蚀沟区以预防为主，而已经有侵蚀沟产生区应该加强治理。

表 7-16　研究区各县市不同发生风险等级侵蚀沟面积　单位：km^2

县市	微度	轻度	中度	强度	极强度	剧烈
五大连池	2417. 57	295. 78	601. 60	638. 38	436. 61	420. 22
嫩江	265. 84	9. 87	72. 60	277. 51	329. 28	254. 47
讷河	2516. 00	285. 57	352. 07	445. 13	392. 15	394. 54

续表

县市	微度	轻度	中度	强度	极强度	剧烈
北安	2170.50	174.99	282.51	360.91	231.22	199.97
克东	743.73	23.91	129.26	381.89	324.88	275.65
克山	1526.02	188.36	465.68	517.41	388.54	303.58
依安	832.70	186.90	75.48	34.48	13.10	3.46
拜泉	864.84	125.02	293.21	431.26	331.05	246.19
总面积	11337.20	1290.39	2272.43	3086.97	2446.83	2098.09

表 7-17　研究区各县市不同发生风险等级侵蚀沟面积占该县市面积比例

单位：%

县市	微度	轻度	中度	强度	极强度	剧烈
五大连池	50.26	6.15	12.51	13.27	9.08	8.74
嫩江	21.98	0.82	6.00	22.94	27.22	21.04
讷河	57.37	6.51	8.03	10.15	8.94	9.00
北安	63.46	5.12	8.26	10.55	6.76	5.85
克东	39.57	1.27	6.88	20.32	17.29	14.67
克山	45.02	5.56	13.74	15.26	11.46	8.96
依安	72.65	16.31	6.59	3.01	1.14	0.30
拜泉	37.74	5.46	12.80	18.82	14.45	10.74

另外，从嫩江、克东、克山以及拜泉的侵蚀沟发生分布状况来看，轻度以上分布面积分别为943.73平方千米、1135.6平方千米、1863.57平方千米、1426.73平方千米，面积都非常大，各自占该县的面积比例为78.02%、60.43%、54.98%、62.26%，另外这几个县市的强度以上侵蚀沟分布面积分别为861.26平方千米、982.42平方千米、1209.53平方千米、1008.5平方千米，面积非常大，同时占各自县市的面积比例也非常大，达到71.2%、52.28%、35.68%，44.01%。从这些数字可以看出，这几

个县市是沟蚀发生高危区，对于这几个县市的侵蚀需要高度注意，对于该区已经产生的侵蚀沟必须立刻治理，以防其进一步恶化，造成更大的损失。

经过上述的分析得知，研究区中五大连池、讷河、北安和依安是侵蚀沟发生潜力相对较低的县市，对于这些县市侵蚀治理方面要减少不合理的土地利用，在未发生侵蚀区以预防为主，已发生区要加强治理，加强保护当地的生态环境，力争使当地生态环境得到改善，在使当前侵蚀状况不恶化的情况下，能够适当地改善侵蚀状况；而研究区中嫩江、克东、克山以及拜泉是侵蚀沟发生潜力高的县市，对于这些县市的沟蚀治理应该以治理为主，以此减少沟蚀与坡面侵蚀的反馈机制，当然其预防也必须同时进行，对于这些县市力争达到使沟蚀高危区可以降低一个等级，达到逐步改善侵蚀的目标，也就是说，遏制当前侵蚀趋势，遏制的同时有所恢复。

第五节　黑土区侵蚀沟的防治策略

根据侵蚀沟发生分布概率图和风险等级图，可以确定出不同沟蚀发生潜力的区域，为当前沟蚀防治提供科学、合理的指导和建议，以下是一些具体的防治策略。

一、侵蚀的防治原则

（一）坡先沟后，沟坡兼治原则

野外调查中发现和据当地水务局工作人员介绍，黑土区坡面侵蚀每年流失表土 3~5 厘米，对黑土区未来几十年的存在造成威胁，黑土区的侵蚀沟是坡面侵蚀进一步发展的结果，产生侵蚀沟的径流来源于其集水区内的坡面上，只有当坡面侵蚀得到基本控制后，治沟才能事半功倍，否则仅治沟会治标不治本。同时要坚持先上游后下游的顺序进行。

（二）生物措施、工程措施和耕作措施相结合原则

工程措施见效快，可在较短的时间内控制侵蚀，但是其只能治标，不能治本，需在工程措施建立的良好立体条件下实行生物措施，造林种草，使两种措施取长补短、相互促进，达到良好效果。

（三）分区治理，因地制宜原则

东北黑土区面积广大，地质地貌复杂，水土流失形式和程度不同，应根据侵蚀程度和危害，以小流域为单元，连片治理，规模推进布设相应的防治措施，能排则排、宜蓄则蓄，工程措施物料选择要就地取材。

（四）生态效益和经济效益相结合原则

侵蚀治理过程中，要从长远观点考虑，在注重搞好生态建设的同时，在进行治理的坡面和侵蚀沟等立体条件合适的地方种植经济作物，多年以后相应地可以产生经济效益，拜泉县在这方面是一个典范。

二、侵蚀防治措施

（一）坡面侵蚀的防治措施

（1）工程措施上，主要实行梯田耕作，考虑到成本问题，建议东北黑土区以坡式梯田作为优先考虑对象，同时辅以挖沟截流，修梯田地埂、水簸箕等措施；另外，在上游来水处建立库塘和拦沙坝；同时，根据地形特征，挖排水渠，使上游来水有出处，减少径流的集中冲刷。

（2）生物措施上，陡坡地区退耕还林还草，要因地制宜大力营造防护林、调节林、固沟林、护岸林、护堤林、护坝林、水源涵养林和防风林等，同时封沟育草、草田轮作、间作、套种苕条类等具有固土能力的经济作物和设立植物防冲带。

（3）耕作措施上，改垄进行等高耕作，深松土壤，建立“土壤水库”、秸秆还田、留茬、免耕、少耕、轮耕、深松、秸秆覆盖等保护性耕作，调整农业种植结构，增施有机肥。

（二）沟谷侵蚀的防治措施

侵蚀沟的治理要根据不同的发展形态采取不同的工程措施：

（1）对于细沟、浅沟等发展程度较小的侵蚀沟，应该以预防为主，防大于治。预防的主要措施与坡面侵蚀的治理相似。

（2）对于切沟以上的发展性的侵蚀沟，采用工程和生物措施相结合的方法，主要设计原则是“上拦下堵中间削”，达到节节拦蓄的目的（韩继忠，1996；于明，2004）。“上拦”指沟头防护，包括修筑断续式沟头梗、跌水；“下堵”指在沟床或沟口修筑石谷坊，拦沟式闸堤；“中间削”指进行削坡处理，将陡壁从上到下进行人工削坡，开成层层台阶，降低侵蚀基准面。在此基础上辅以生物措施，包括在建立的石跌水和谷坊处种植柳跌水和柳谷坊予以保护，然后从沟头到沟口、从沟岸到沟底进行植物封沟，根据立地条件不同，营造不同树种固沟林，每隔一定的距离在沟道内横向栽植几排，最后形成完整的乔灌草综合防护体系。侵蚀沟具体的治理工作可以参考以下的治理模式（张春山，2004；于明，2004；翟真江等，2005）。

（3）对于土质较好、土层较厚、侵蚀已稳定的沟壑，应采用生物措施为主，要封沟育草造林，先绿化起来，要大力插柳、栽杨、种苇子、建果园或淤地造田，使荒沟变成生产沟、经济沟，实现生态效益和经济效益双丰收。

（三）从国家层面到个人层面提高全民侵蚀防治意识

国家要加大对于水保工作的投入，同时在政策制定上，不能片面地“以粮为纲”，需要协调好经济和生态的关系，另外要减少地方性政策法规与土地使用政策问题造成的水土流失，同时要加大宣传力度，增强人们对水土保持工作紧迫性、重要性的意识，控制人口数量，减少能源需求，提高人口素质，让人们从自觉的角度来保护当地的土地和森林资源；建立长期的科学实验体系，依靠“3S”技术的宏观优势全面掌握黑土流失的动态演化过程，从各地自然规律和实际条件出发，进行长期监测、研究，对侵蚀特征做出科学评价，为侵蚀防治提供科学依据。

本章小结

本章对于影响沟蚀形成的诸多因子，首先运用单因子回归分析，对于研究区不同的分区，寻找与侵蚀沟发生形成相关性强的单因子，然后运用因子分析经过数据标准化、相关系数矩阵建立、贡献率和累积贡献率计算，主成分因子确定、因子负载的计算等，最终确定两个分区的构建模型所需的因子。因子确定后，运用 Logistic 模型构建了研究区两个区域的沟蚀发生风险预测模型，经过特异值和特殊影响案例查找以及精度验证等确定了模型的可用性，再将该模型推演到整个乌裕尔河、讷谟尔河流域，获取了研究区沟蚀发生风险的概率分布图，然后参照水利部土壤侵蚀分类标准以及运用聚类分析，将研究区侵蚀沟发生风险概率分级，获取了研究区不同等级沟蚀发生风险分布图。之后，将该图分两级与基于 $S=aA^{-b}$ 关系预测的沟蚀发生风险图进行对比分析，两种预测的吻合程度较好，同时又将该图不同等级分布图与基于 $S=aA^{-b}$ 关系预测的沟蚀发生风险图进行对比分析，选择最优分布，最终获取了乌裕尔河、讷谟尔河流域不同等级沟蚀发生风险分布格局图。最后，本章根据野外调查和查阅文献获取的知识，对黑土区侵蚀沟的防治提供了一定的建议。

第八章

结论与展望

第一节 主要结论

东北黑土区是我国重要的商品粮生产基地，但是大部分地区经历较短的开垦历程，黑土农田系统几乎用50~100年的时间跨越了我国中原地区3000年的演替过程，这种高强度、大规模开垦方式以及其中伴有的不合理的土地利用方式，使黑土区当前的水土流失严重，甚至使其面临着由“北大仓”向“北大荒”转变的危险。而在黑土区的水土流失问题中，沟蚀问题尤为严重，沟蚀可以看作是坡面侵蚀的进一步恶化，并且其造成的危害更加巨大，黑土区大型侵蚀沟的发展，不断侵吞耕地，切割农田，影响机耕，威胁村屯……因此，加强侵蚀沟研究对于东北黑土区的水土流失防治具有重要的意义。目前，国内外学者对东北黑土区侵蚀沟的研究集中在侵蚀沟的发生机制和侵蚀量估算等方面，或是在较小的空间尺度上利用GPS、航片等监测侵蚀沟的短期变化。利用高分辨率卫星影像在较大范围内对侵蚀沟区域总体分异规律进行的研究鲜见报道。本书在遥感和GIS的支持下，以高分辨率影像SPOT5作为数据源，获取乌裕尔河、讷谟尔河流域侵蚀沟现状，同时分析影响黑土区侵蚀沟发育的地理环境因子，构建了研究区侵蚀沟发生风险评价模型，推演了研究区黑土区的侵蚀沟发生风险分布格局。同时，本书还就侵蚀沟与景观格局的关系、基于地貌临界理论 $S=aA^{-b}$ 预测沟蚀发生脆弱区等问题进行了探讨，主要的研究结论如下：

（1）研究区侵蚀沟密度在0~23134平方米/平方千米，平均侵蚀沟密度为4219.2平方米/平方千米，侵蚀沟主要分布在坡度较大，而植被覆盖少的地区；当前侵蚀沟吞食耕地面积为10149.5公顷，破坏耕地面积为25261.2公顷，保守估计带来的直接经济损失约为1.04亿元，间接经济损失为2.62亿元；当前水利部“土壤侵蚀分类分级标准”还没有就侵蚀沟面密度方面做出相应的评价标准，但是黑土区的侵蚀沟问题确实给当地的农业可持续发展带来了严峻挑战，可以说当前黑土区的沟蚀应该属于强烈阶段，建议给当前黑土区侵蚀沟的面密度建立一定的特有的评价标准。

（2）子流域侵蚀沟密度与景观格局指数相关性分析的结果表明，旱地是产生侵蚀的主要景观类型，林地在抑制侵蚀上具有重要作用；分维数、聚集度以及多样性指数的相关性分析表明，合理地调整旱地、林地和草地的比例，优化景观斑块空间配置，增大香农多样性指数，加大分维数，对于抑制侵蚀具有重要作用。侵蚀沟密度与景观指数的多因子相关性分析说明景观格局差异不是引起各子流域沟蚀差异的主要原因，想进一步探讨沟蚀形成因素，需要进一步将其他影响沟蚀的自然和人为因素加入，进行综合、深入的研究和探讨。

（3）基于地貌临界模型 $S=aA^{-b}$ 对研究区沟蚀过程研究得出，SA拟合回归关系式中得到的a、b值与各国的研究者所做研究具有可比性，运用此公式在研究区进行侵蚀沟的预测具有一定的理论和实践基础。研究区由于坡度较缓，侵蚀沟的发生相对要难，而研究区侵蚀沟产生的主导过程是坡面漫流，另外该区侵蚀沟的产生过程可能有滑坡、下渗、崩塌等地下过程的加入，启示我们在研究区侵蚀沟的防治过程中，种植根系较为发达、可以深入地下成长的植被对于侵蚀沟的防治具有重要的意义。

（4）基于地貌临界模型 $S=aA^{-b}$ 对研究区沟蚀发生预测研究得出，不易于侵蚀沟发生的地方主要分布于水域、河漫滩以及山脊线附近区，易于侵蚀沟形成的地方分布在研究区的其他各区域；分区和不分区的沟蚀预测效果都还可以接受，总体上来说，分区后预测结果要稍好于不分区的结果；分区后预测像元占构建区比例为49.01%，预测侵蚀沟占总侵蚀沟比例为79.57%，预测效率为0.766%。而最终最优预测效果是由分区Ⅰ和整个研究区预测后的Ⅱ区组合得到，预测像元占构建区比例为52.5%，预测侵蚀沟占总侵蚀沟比例为 80.37%，预测效率为 0.722%。运用地貌临界关系 $S=aA^{-b}$ 所得侵蚀沟发生脆弱区的分布是一种保守预测，具有可接受的精度水平。

（5）侵蚀沟与土壤侵蚀各因子之间的单因子分析结果显示，乌裕尔河、讷谟尔河流域西南部低海拔冲积台地中度侵蚀区（Ⅰ）有 10 个与侵蚀沟发育相关的因子，乌裕尔河、讷谟尔河流域东北部低海拔丘陵轻度侵蚀区（Ⅱ）有 8 个与侵蚀沟发育相关的因子，最终通过因子分析得到Ⅰ区有 5 个与侵蚀沟发育相关且彼此之间不存在共线性问题的因子，分别为 1998 年极端降雨量、极端最低气温、土地利用面积变化率、植被覆盖度和坡度，Ⅱ区有 4 个与侵蚀沟发育相关且彼此之间不存在共线性问题的因子，分别为 1998 年极端降雨量、土地利用面积变化率、净初级生产力和坡度，最终运用这些因子构建研究区侵蚀沟发生风险评价模型。

（6）最终构建的多因素模型，无特异值和特殊影响案例，其统计性显著而拟合优度统计项不显著，并且总体精度基本达到了 70%，Nagelkerke R^2 值接近 0.6，构建的模型效果比较好。将构建的模型推演到整个区域，经过聚类分析分成 6 类，即微度、轻度、中度、强度、极强度以及剧烈，该分类下侵蚀沟发生预测的总体分类精度达到 83%。与基于 SA 模型预测的二分类对比结果显示，两者的一致性总体精度为 75.61%，kappa 系数为 0.61，表明两种模型对于侵蚀沟是否发生的预测吻合程度较好。多因素分级后的侵蚀沟发生风险分布图与 SA 关系得到预测分布图进行分析，最终得到研究区侵蚀沟不同等级发生风险分布格局图，轻度以上的面积为 11194.71 平方千米，占研究区面积的 49.68%，研究区发生侵蚀沟的潜力威胁很大。对各县市沟蚀的分析得出，五大连池、讷河、北安和依安是沟蚀发生潜力相对较低的县市，嫩江、克东、克山以及拜泉是沟蚀发生潜力高的县市，因此针对不同县市状况应该制定不同的治理措施。

第二节　不足与展望

一、不足之处

本书在写作过程中受时间、资料和研究手段，以及笔者研究能力的限制，对于当前东北黑土区的侵蚀沟研究还存在待完善的地方，有待今后进一步地深入研究和改善。这些不足之处主要包括以下几个方面：

（一）侵蚀沟的理论研究有待深入

与黄土高原相比，东北黑土区的土壤侵蚀研究起步较晚，研究基础相对而言比较薄弱，还有很多重要的理论和方法问题需要解决，如侵蚀沟的发育过程、产沙机制、环境效应等，本书主要是用遥感和GIS技术对乌裕尔河、讷谟尔河流域黑土区的侵蚀沟发生风险方面做了研究，沟蚀理论方面的众多研究以及与遥感和GIS的结合还需在今后加强研究。

（二）指标选择、评价标准的研究有待深入

本书在侵蚀指标选取过程中，受目前信息提取、空间插值以及遥感和GIS与侵蚀研究结合等相关方面的制约，有些具有重要意义的指标无法获取，只能用其他相关指标代替，这必然会使评价结果在一定程度上受到影响。另外，指标选择的不完善可能会带来评价结果的误差，例如，坡面有无水保措施，侵蚀沟的产生和发展情况会有不同，但是当前由于受数据限制，在构建模型时没有考虑。因此，随着科学技术的不断进步与发展、GIS和遥感技术的进步、侵蚀研究的进一步深入，以及两者更加无缝地耦合，构建更加理想的指标模型是研究的必然要求。

（三）数据精度提高以及新方法新技术的运用

侵蚀沟研究涉及气候、地貌、植被、土壤和土地利用等各个方面，需要大量真实、完整、实效的资料数据才能充分分析侵蚀沟形成机制和主导

因素，得到科学合理的评价结果，本书在这方面有待加强。接下来的工作可以考虑在黑土侵蚀区进行土壤采样，获取土壤的理化性质，有效获知当前黑土的机械组成及土壤质量等方面的信息。另外，地形数据精度可以用GPS、1∶1万地形图等方式提高，这样可使数据更为准确可靠，得出更为完整、翔实、准确的结论。

二、研究展望

（一）整个东北黑土区侵蚀沟发生风险评价模型建立

本书研究区作为整个东北典型黑土区中的一部分，该研究为整个黑土区侵蚀沟发生风险分布的空间格局的研究奠定了一定的理论和技术基础，运用该书的研究理论和技术方法，在遥感和GIS技术支持下，沿整个东北黑土区由北向南、自东往西方向选取若干个典型研究区，进一步完善理论和指标体系，可以推演整个东北黑土区的侵蚀沟发生风险分布格局，形成东北黑土区沟蚀发生脆弱区分布图，实现整个东北黑土区沟蚀发生风险分布格局推演，为侵蚀沟的防治提供指导。

（二）沟蚀产沙量及其环境效应

本书进行了二维侵蚀沟的研究，可以获取侵蚀沟吞食耕地面积，倘若能够在三维尺度上展开研究，将会获取沟蚀的侵蚀产沙量，这对于当前黑土区的侵蚀研究意义重大，可以考虑用GPS、无人机技术、三维激光扫描仪获取高精度的地形数据，通过尺度推绎进行全区侵蚀产沙量计算。除此，沟蚀与土壤质量退化过程的耦合关系，提出评价沟蚀造成土壤退化的物理学、化学和生物学指标体系，建立土壤侵蚀与土壤生产力关系的评价模型也值得研究。

（三）沟蚀研究的新技术、新方法

当前坡面侵蚀的研究中有许多新的实验和观测技术，将这些技术有效地融合到沟蚀研究，增加沟蚀研究的准确性，对于沟蚀研究非常重要。可以考虑利用核素示踪技术法来研究沟蚀的产沙量和产沙分布规律；另外，将小区实验观测的理论和成果与遥感和GIS结合研究，也将会给黑土区的沟蚀研究带来新的气象。

参考文献

［1］ Aliakbar Nazari Samani，Hassan Ahmadi，Mohammad Jafari，et al. Geomorphic threshold conditions for gully erosion in Southwestern Iran（Boushehr-Samal watershed）［J］. Journal of Asian Earth Sciences，2009，in press.

［2］ Amezketa E，Singer M J. Testing a new procedure for measuring water-stable aggregation ［J］. Soil Science Society of America Journal，1996（60）：888-894.

［3］ Arnoldus H M M. An approximation of the rainfall factor in the universal soil loss equation ［A］//Deboodt M，Gabriels D. Assessment of erosion ［C］. John Wiley and Sons.，Chichester，1980：127-132.

［4］ Bajracharya R M，Lal R. Seasonal soil loss and erodibility variation on Amiamian silt loam soil ［J］. Soil Science Society of America Journal，1992（56）：1560-1565.

［5］ Bayer L D. Some factors effecting erosion ［J］. Agri. Eng.，1933（14）：51-52.

［6］ Begin Z B，Schumm S A. Instability of alluvial valley floors：A method for its assessment ［J］. Transactions of the American Society of Agricultural Engineers，1979（22）：347-350.

［7］ Beven K J，Kirkby M J. A physically based variable contributing area model of basin hydrology ［J］. Hydrological Sciences Bulletin，1979，43（1）：69.

[8] Bouraoui F, Dillaha T A. Answers-2000: Runoff and sediment transport model [J]. Journal of Environmental Engineering, 1996, 122 (6): 493-502.

[9] Bouyoucos G J. The clay ratio as a criterion of susceptibility of soils to erosion [J]. Journal of American Society of Agronomy, 1935 (27): 738-741.

[10] Bradford J, Piest R. Erosional development of valley bottom gullies in the upper midwestern United States [A] //Coates D R, Vitek J D (Eds.), Geomorphic Thresholds [C]. Dowden & Culver, Stroudsburg, Pennsylvania, 1980: 75-101.

[11] Brice J B. Erosion and deposition in the loess-mantled Great Plains, Medecine Creek drainage basin, Nebraska U. S. [R]. Geological Survey Professional Paper 352H, 1966: 235-339.

[12] Brierley G, Stankoviansky M. Geomorphic responses to land use change [J]. Catena, 2003, 51 (3-4): 173-179.

[13] Bruce R R, et al. Surface soil degmdalion and soil producavity restoration and maintenance [J]. Soil Science Society of America Journal, 1995, 59 (3): 654-660.

[14] Bryan R B. Soil erodibility and processes of water erosion on hillslope [J]. Geomorphology, 2000 (32): 385-415.

[15] Casali J, Loizu J, Campo M A, et al. Accuracy of methods for field assessment of rill and ephemeral gully erosion [J]. Catena, 2006, 67 (2): 128-138.

[16] Cerdan O, Le Bissonnais Y, Couturier A, Bourennane H, Souchère V. Rill erosion on cultivated hillslopes during two extreme rainfall events in Normandy, France [J]. Soil and Tillage Research, 2003 (67): 99-108.

[17] Cheng H, Y Wu, X Zou, et al. Study of ephemeral gully erosion in a small up land catchment on the Inner-Mongolian Plateau [J]. Soil and Tillage Research, 2006, 90 (12): 184-193.

[18] Cheng H, Zou X, Wu Y, Zhang C, Zheng Q, Jiang Zh. Morphology parameters of ephemeral gully in characteristics hillslopes on the Loess Plateau of China [J]. Soil & Tillage Research, 2007 (94): 4-14.

[19] Claudio Zucca, A C, Raniero Della Peruta. Effects of land use and landscape on spatial distribution and morphological features of gullies in an agro-pastoral area in Sardinia (Italy) [J]. Catena, 2006 (68): 87-95.

[20] Croke J, Mockler S. Gully initiation and road-to-stream linkage in a forested catchment, southeastern Australia [J]. Earth Surface Processes and Landforms, 2001 (26): 205-217.

[21] Crouch R, Novruzzi T. Threshold conditions for rill initiation on a vertisol, Gunnedah, N SW, Australia [J]. Catena, 1989 (16): 101-110.

[22] De Roo A P J, Jetten V G. Calibrating and validating the LISEM Model for two data sets from the Netherlands and South Africa [J]. Catena, 1999, 37 (3-4): 477-493.

[23] De Roo A P J, Wesseling C G, Ritsema C J. LISEM: A Single-event physically based hydrological and soil erosion model for drainage basin. I: Theory, Input and Output [J]. Hydrological Processes, 1996, 10 (8): 1107-1118.

[24] Dietrich W E, Dunne T. The ehannel head, in Channel Network Hydrology [M]. New York: John Wiley, 1993: 175-219.

[25] Dirk J, Oostwoud Wijdenes J P, Liesbeth Vandekerckhove, Maryke Ghesquiere. Spatial distribution of gully head activity and sediment supply along an ephemeral channel in a Mediterranean environment [J]. Catena, 2000 (39): 147-167.

[26] Douglas I, Pietroniro A. Predicting road erosion rates in selectively logged tropical rain forests [A] //de Boer D, Froehlich W, Mizuyama T (Eds.), Erosion Prediction in Ungauged Basins, Integrating Methods and Techniques [C]. Proceedings of an International Symposium Sapporo, Japan,

8-9 July 2003. IAHS Press, Wallingford, UK, 2003: 199-205.

[27] Dusan Z. Soil erosion [M]. Amsterdam: Elsevier Scientific Pub. Co., 1982: 164-166.

[28] Dvid Martin, Lan Bracken. The integration and socioeconomic and physical resource data for applied land management information systems [J]. Applied Geography, 1993: 45-53.

[29] Ekwue E I. Effect of organic and fertilizer treatments on soil physical properties and erodibility [J]. Soil and Tillage Research, 1992, 22 (3-4): 199-209.

[30] Ellison W D. Soil erosion studies [J]. Agricultural Engineering, 1947 (28): 145-146.

[31] Evans R. Extent, frequency and rates of rilling of arable land in localities in England and Wales [A] //Wicherek, S. (Ed.), Farm Land Erosion in Temperate Plains Environment and Hills [C]. Elsevier, Amsterdam, 1993: 177-190.

[32] FAO. Report on the agro-ecological zones project [R]. World Resources Report 48, Rome: FAO, 1981.

[33] Farres P J, Cousen S M. An improved method of aggregate stability measurement [J]. Earth Surface Processes Landforms, 1985 (10): 321-329.

[34] Faulkner H. Gully erosion associated with the expansion of unterraced almond cultivation in the coastal Sierrade Lujar, Spain [J]. Land Degradation & Rehabilitation, 1995 (9): 179-200.

[35] Fleld C B, Behrenfeld M J, Randerson J T, et al. Primary Production of the Biosphere: Integrating Terrestrialand Oceanic Components [J]. Science, 1998 (281): 237-240.

[36] Foster G R, Lane L J, Nowlin J D, et al. A model to estimate sediment yield from field-sized areas: Development of model [A] //W. G. Knisel (ed) CREAMS: A field scale model for Chemicals, Runoff, and Erosion from

Agricultural Management Systems [C]. USDA, Sci. and Educ. Admin., Conser. Rep. No. 26, 1980: 36-64.

[37] Foster G, Lane L. Erosion by concentrated flow in farm fields [A] //Li R M, Lagasse, P. F. (Eds.), Proceedings of the D. B. Simons Symposium on Erosion and Sedimentation [C]. Colorado State University, Fort Collins, 1983 (9): 65-82.

[38] Foster G R, Understanding ephemeral gully erosion. Soil Conservation, Vol. 2 [M]. National Academy of Science Press, Washington, D. C., 1986: 90-125.

[39] Foster G R. Understanding ephemeral gully erosion. Assessing the National Research Inventory National Research Council, Board on Agriculture, Soil Conservation, Vol. 2 [M]. National Academy Press, Washington DC, 2005: 90-118.

[40] Franti T G, Laflen J M, Watson D A. Predicting soil detachmentfrom highdischarge concentrated flow [J]. Transactions of the ASAE, 1999, 42 (2): 329-335.

[41] Froster D L, Richards R P, Baker D B, et al. Blue EPIC modeling of the effects of farming practice changes on water quality in two lake Erie watersheds [J]. Journal of Soil and Water Conservation, 2000, 55 (1): 85-90.

[42] Fu B J, Chen L D. Agricultural landscape spatial pattern analysis in the semiarid hill area of loess China [J]. Journal of Arid Environments, 2000 (44): 291-303.

[43] Gang hu, Baoyuan Liu, Zhangtao Yu, et al. Short-term gully head retreat rates over rolling-hill areas in Black Soil of Northeast China, submitted [J]. Catena, 2007 (71): 321-329.

[44] Gilley J E, Elliot W J, Laflen J M, et al. Critical shear stress and critical flow rates for initiation of rilling [J]. Journal of Hydrology, 1993 (142): 251-271.

[45] Govers G P. Assessment of the interrill and rill contributions to total soil loss from an up land field plot [J]. Geomorphology, 1988 (1): 343-354.

[46] Govers G, Everaert W, Poesen J, et al. A long flume study of the dynamic factors affecting the resistance of a loamy soil to concentrated flow erosion [J]. Earth Surface Processes and Landforms, 1990 (15): 313-328.

[47] Graf W L. The development of montane arroyos and gullies [J]. Earth Surface Processes and Landforms, 1979 (4): 1-14.

[48] Greenlee D D. Raster and vector processing for scanned linework [J]. Photogrammetric Engineering and Remote Sensing, 1987, 53 (10): 1383-1387.

[49] Gussak V B. A device for the rapid determination of erodibility of soils and some results of its application [J]. Abstract in Soil and Fertilizerst, 1946 (10): 41.

[50] Gutman G, lgnatov A. The derivation of the green vegetation fraetion from NOAA/AVHRR data for use innumerieal weather predietion models [J]. International Journal of Remote Sensing, 1998, 19 (8): 1533-1543.

[51] Hancock G R, Evans K G. Gully position, characteristics and geomorphic thresholds in an undisturbed catchment in northern Australia [J]. Hydrological Processes, 2006 (20): 2935-2951.

[52] Harley D, Betts R C D. Digital elevation models as a tool for monitoring and measuring gully erosion [J]. JAG, 1999, 1 (2): 91-101.

[53] Harvey A M. Holocene hillslope gully systems in the Howgill Fells, Cumbria [A] //Anderson, M G, Brooks S M (Eds.), Advances in Hillslope Processes, 1996 (2): 731-752.

[54] Horton R E. Erosional development of streams and their drainage basins: Hydrophysical approach to quantitative morphology [J]. Geological Society of America Bulletin, 1945 (56): 275-370.

[55] Huang C H, Laflen J M. Seepage and soil erosion for a clay loam soil

[J]. Soil Science Society of America Journal, 1996 (60): 408-416.

[56] Hughes A O, Prosser I P. Gully and Riverbank erosion mapping for the murray-darling basin [R]. CSIRO Land and Water, Canberra, Australia. Technical Report 3/03, March 2003.

[57] Hutchinson M F. ANUDEM version 5. 1 User Guide [R]. Centre for Resource and Environmental Studies, The Australian National University, Canberra, 2004.

[58] Hutchinson M F. New procedure for gridding elevation and strema line data with automatic removal of spurious pits [J]. Journal of Hydrology, 1989, 106 (3-4): 211-232.

[59] Ionita I. Gully development in the Moldavian Plateau of Romania [J]. Catena, 2006, 68: 133-140.

[60] Ireland H A, Sharpe C F S, Eargle D H. Principles of gully erosion in the Piedmont of South Carolina [J]. USDA Technological Bulletin, 1939 (633): 142.

[61] Ireneusz Malik. Dating of small gully formation and establishing erosion rates in old gullies under forest by means of anatomical changes in exposed tree roots (Southern Poland) [J]. Geomorphology, 2008 (93): 421-436.

[62] Ries J B. Monitoring of gully erosion in the Central Ebro Basin by large scale aerial photography taken from a remotely controlled blimp [J]. Catena, 2003 (50): 309-328.

[63] Jenson S K, Domingue J O. Extracting Topographic Structure from Digital Elevation Data for Geographic Information System Analysis [J]. Photogrammetric Engineering and Remote Sensing, 1988, 54 (11): 1593-1600.

[64] John Galant. Topographic Scaling for the NLWRA Sediment Project [R]. CSIRO Land and Water, Canberra, Australia. Technical Report 27/01, September 2001.

[65] José Carlos González-Hidalgo, José Luis Pe a-Monné, Martín de

Luis. A review of daily soil erosion in Western Mediterranean areas [J]. Catena, 2007 (71): 193-199.

[66] Kirkby M J. From Plot to Continent: Reconciling Fine and Coarse Scale Erosion Models [A] //Stott D E, et al. (Eds.). Sustaining the Global Farm-Selected papers from the 10th International Soil Conservation Organization Meeting [C]. West Lafayette, Indiana, America, 1999, 2001: 860-870.

[67] Laflen J M, Elliot W J, Simanton J R. WEPP soil erodibility experiment for rangeland and cropland soils [J]. Journal of Soil and Water Conservation, 1991, 46 (1): 39-44.

[68] Li Y. Plant roots and soil anti-scouribility on the loess plateau [M]. Beijing: Science Press, 1995.

[69] Liu Baoyuan, Zhang Keli, Xie Yun. An empirical soil loss equation [R]. Proceedings 12th International Soil Conservation Organization Conference, Vol. Ⅱ: Process of Soil Erosion and Its Environment Effect [R]. Beijing, China: Tsinghua University, 2002: 21-25.

[70] Liu J, Chen J M, Chen W. Net primary productivity distribution in the Boreas region from a process model using satellite and surface data [J]. Journal of Geophysical Research, 1999, 104 (D22): 27735-27754.

[71] Long J, Scott. Regression models for categorical and limited dependent variables [M]. Thousoud Oaks, California: Sage Publications, 1997.

[72] Martinez, Casasnovas J A. A spatial information technology approach for the mapping and quantification of gully erosion [J]. Catena, 2003 (50): 203-308.

[73] Martinez-Femandez J, Lopez-Bermudez F, Martinez-Fernandez J, et al. Land use and soil-vegetation relationships in a Mediterranean ecosystem: El Ardal, Murcia, Spain [J]. Catena, 1995, 25 (1-4): 153-167.

[74] Middleton H E. Properties of soils which influence soil erosion. USDSA [J]. Technical Bulletin, 1930 (173): 16.

[75] Moeyersons J. Ravine formation on steep slopes-forward versus regressive erosion-some case-studies from Rwanda [J]. Catena, 1991, 18 (3-4): 309-324.

[76] Montgom ery D, Dietrich W. Landscape dissection and drainage area-slope thresholds [A] //Kirkby, M. (Eds.). Process Models and Theore-tical Geomorphology [C]. Wiley, Chichester, 1994: 221-246.

[77] Montgomery D R, Dietrich W E. Channels initiation and the problem of landscape scale [J]. Science, 1992 (255): 826-830.

[78] Montgomery D R, Dietrich W E. Where do channels begin? [J]. Nature, 1988 (336): 232-234.

[79] Moore I D, Burch G J, Mackenzie D H. Topographic effects on the distribution of surface soil water and the location of ephemeral gullies [J]. Transactions of the ASAE, 1988, 32 (4): 1098-1107.

[80] Moore I D, O' Loughlin E M, Burch G J. A contour-based topographic model for hydrological and ecological applications [J]. Earth Surface Processes and Landforms, 1988b, 1 (4): 305-320.

[81] Moore I D, Butch G J. Physical basis of the length-slope factor in the Universal Soil Loss Equation. Soil Science [J]. Society of America Journal, 1986, 50 (5): 1294-1298.

[82] Morgan R P C, D Mngomezulu. Threshold conditions for initiation of valleyside gullies in the Middle Veld of Swaziland [J]. Catena, 2003 (50): 401-414.

[83] Morgan R P C, Quinton J N, Smith R E, et al. The European Soil Erosion Model (EUROSEM): A dynamic approach for predicting sediment transport from fields and small catchments [J]. Earth Surface Processes and Landforms, 1998, 23 (6): 527-544.

[84] Morgan R P C. Soil Erosion and Conservation, 3th ed. [M]. Blackwell, Malden, USA, 2005: 299.

[85] Nachtergaele J A. Spatial and temporal analysis of the characteristics, importance and prediction of ephemeral gully erosion [D]. PhD Thesis. Department of Geography-Geology, K U Leuven, 2001: 255.

[86] Nachtergaele J, Poesen J. Assessment of soil losses by ephemeral gully erosion using high altitude (stereo) aerial photographs [J]. Earth Surface Processes and Landforms, 2001 (24): 693-706.

[87] Nachtergaele J, Poesen J. Spatial and temporal variations in resistance of loess - derived soils to ephemeral gully erosion [J]. European Journal of Soil Science, 2002, 53 (3): 449-463.

[88] Nachtergaele J, Poesen J, Vandekerckhove L, et al. Testing the Ephemeral Gully Erosion Model (EGEM) for two Mediterranean environments [J]. Earth Surface Processes and Landforms, 2001, 26 (1): 17-30.

[89] Naru malani S, Jensen J R, Althausen J D, et al. Aquatic mac-rophyte modelling using GIS and multiple logistic regression [J]. Photogram Eng Remote Sense, 1997 (63): 41-49.

[90] Nearing M A, Foster G R, Lane L J. A process-based soil erosion model for USDA - water erosion prediction project technology [J]. Trans. of ASAE, 1989, 32 (5): 1587-1593.

[91] Nogueras P, Burjachs F, Gallart F, Puigdefabregas J. Recent gully erosion in EI Cautivo badlands (Tabernas, SE Spain) [J]. Catena, 2000 (40): 203-215.

[92] Nyssen J. Erosion processes and soil conservation in a tropical mountain catchment under threat of anthropogenic desertification—A case study from Northern Ethiopia [D]. Unpubl. PhD thesis, Dept. Geography - Geology, K. U. 2001. Leuven, Belgium.

[93] Nyssen J, Poesen J, Moeyersons J, Luyten E, et al. Impact of road building on gully erosion risk: A case study from the northern Ethiopian highlands [J]. Earth Surface Processes and Landforms, 2002 (40): 1267-1283.

[94] O' Loughlin E M. Prediction of surface saturation zones in natural catchments by topographic analysis [J]. Water Resources Research, 1986 (22): 794-804.

[95] Olson T C, Wischmeier W H. Soil erodibility evaluations for soils on the run off and erosion stations [J]. Soil Science Society of American Proceedings, 1963, 27 (5): 590-592.

[96] Patton P C, Schumm S A. Gully erosion, Northwestern Colorado: A threshold phenomenon [J]. Geology, 1975 (3): 88-90.

[97] Peel T C. The relation of certain physical characteristics to the erodibility of soils [J]. Soil Science Society Proceedings, 1937 (2): 79-84.

[98] Poesen J, Vandekerckhove L, Nachtergaele J, et al. Gully erosion in dryland environments [A] //Bull L J, Kirkby M J (Eds.), Dryland Rivers: Hydrology and Geomorphology of emi-Arid Channels [C]. Wiley, Chichester, England, 2002: 229-262.

[99] Poesen J, De Luna E, Franca, et al. Concentrated flow erosion rates as affected by rock fragment cover and initial soil moisture content [J]. Catena, 1999 (36): 315-329.

[100] Poesen J, Nachtergaele J, Verstraeten G et al. Gully erosion and environmental change: Importance and research needs [J]. Catena, 2003 (50): 91-133.

[101] Poesen J, Vandaele K, van Wesemael B. Contribution of gully erosion to sediment production in cultivated lands and rangelands [J]. IAHS Publications, 1996 (236): 251-266.

[102] Poesen J, Vandaele K, van Wesemael B. Gully erosion: Importance and model implications [A] //Boardman J, Favis - Mortlock D T (Eds.), Modelling Soil Erosion by Water Springer - Verlag [C]. Berlin NATO-ASI Series, 1998 (155): 285-311.

[103] Poesen J, Hooke J M. Erosion, flooding and channel management

in Mediterranean Environments of southern Europe [J]. Progress in Physical Geography, 1997, 21 (2): 157-199.

[104] Poesen J. Conditions for gully formation in the belgian loam belt and some ways to control them [M]. Soil Technology Series I. Cremlinger-dested: Catena Verlag, 1998: 38-39.

[105] Poesen J. Gully typology and gully control measures in the European loess belt [A] //Wicherek, S. (Eds.), Farm Land Erosion in Temperate Plains Environment and Hills [C]. Elsevier, Amsterdam, 1993: 221-239.

[106] Prosser I P, Abernethy B. Predicting the topographic limits to a gully network using a digital terrain model and process thresholds [J]. Water Resources Research, 1996, 32 (7): 2289-2298.

[107] Prosser I P, Soudi M. Controls on gully formation following forest clearing in a humid temperate environment [J]. Water Resources Research, 1998, 34 (12): 3661-3671.

[108] Prosser I P, Winchester S J. History and processes of gully initiation and development in eastern Australia [J]. Zeitschrift fur Geomorphologie N. F. Supplementband, 1996 (105): 91-109.

[109] Prosser I P. Gully erosion, land-use and climate change [A] // Boardman J, Favis-Mortlock D. (Eds.), Climate change and soil erosion [C]. Imperial College Press, 2002, London.

[110] Prosser I P. Thresholds of channel initiation in historical and Holocene times, southeastern Australia [A] //Anderson, Brooks, SM (Eds). Advances in Hillslope Process [C]. Wiley, Chi Chester, UK, 1996: 687-708.

[111] Rania Bou Kheir, Jean Chorowicz, Chadi Abdallah, et al. Soil and bedrock distribution estimated from gully form and frequency: A GIS-based decision-tree model for Lebanon [J]. Geomorphology, 2008 (93): 482-492.

[112] Rauws G. The initiation of rills on plane beds of non-cohesive sediments [A] // R B Bryan (Eds.). Rill Erosion [J]. Catena Suppl, 1987

(8): 107-118.

[113] Rauws G, Govers G. Hydraulic and soil mechanical aspects of rill generation on agricultural soils [J]. Journal of Soil Science, 1988 (39): 111-124.

[114] Renard K G, Foster G R, Weesies G A, et al. Coordinators. Predicting soil erosion by water: A guide to conservation planning with the Revised Universal Soil Loss Equation (RUSLE) [M]. USDA Agricultural Handbook, 1997: 703.

[115] Renschler C S, Flanagan D C, et al. GeoWEPP—The Geospatial interface for the Water Erosion Prediction Project [R]. ASAE Conference Paper, 2002.

[116] Rey F. Influence of vegetation distribution on sediment yield in forested marly gullies [J]. Catena, 2003 (50): 549-562.

[117] Riitters K H, O'Neill, Hunsaker C T, et al. A factor analysis of landscape pattern and structure metrics [J]. Landscape Ecology, 1995 (10): 23-39.

[118] Saxton K E, Rawls W J. Soil water characteristic estimates by texture and organic matter for hydrologic solutions [EB/OL]. Soil Science Society of America Journal, 70: 1569-1578 (2006). http://www.beyse.wsu/sexton/article.

[119] Schumm S A, Hadley R F. Arroyos and the semiarid cycle of erosion [J]. Am. J. Sci, 1956 (255): 164-174.

[120] Shibru Daba, Wolfgang Rieger, Peter Strauss. Assessment of gully erosion in eastern Ethiopia using photogrammetric techniques [J]. Catena, 2003 (50): 273-291.

[121] Sidorchuk A, Grigorev V. Soil erosion on the Yamal Peninsula (Russian Arctic) due to gas field exploitation [J]. Advances in GeoEcology, 1998 (31): 805-811.

[122] Sidorchuk A. Dynamic and static models of gully erosion [J]. Cate-

na, 1999, 37 (3-4): 401-414.

[123] Sidorchuk Aleksey, Sidorchuk Anna. Model for estimating gully morphology [M]. IAHS Publication, 1998: 333-343.

[124] Sneddon J, Williams B G, Savage J V, et al. Erosion of a gully in duplex soils. Results of a long-term photogrammetric monitoring program [J]. Australian Journal of Soil Research, 1988 (26): 401-408.

[125] Soil Science Society of America, 2001. Glossary of Soil Science Terms [EB/OL]. Soil Science Society of America, Madison, WI, http://www.soils.org/sssagloss/.

[126] Speight J G. The role of topography in controlling through flow generation: A discussion [J]. Earth Surface Processes and Landforms, 1980 (5): 187-191.

[127] Subhash C. A simple laboratory apparatus to measure relative erodibility of soil [J]. Soil Science, 1978, 125 (2): 115-121.

[128] Tabachnick, Barbara G & Linda S, Fidell. Using Multivariate Statistics (3th Ed.) [M]. N. Y.: Harper Collins College Publishers, 1996.

[129] Thome C R, Zevenbergen L W, Grissinger E H, et al. Ephemereal gullies as sources of sediment [J]. Proceedings of 4th Interagency Sedimentation Conference, las Vegas, Nevada, 1986 (1): 3, 152-153, 161.

[130] Toby N, Carlson, David A Ripley. On the relation between NDVI fractional vegetation cover and leaf area index [J]. Remote Sensing of Environment, 1997 (62): 241-252.

[131] Torn D, Borselli L. Equation for high-rate gully erosion [J]. Catena, 2003 (50): 449-467.

[132] Trimble S W. Decreased rates of alluvial sediment storage in the Coon creek basin, Wisconsin, 1975 - 1993 [J]. Science, 1999 (285): 1244-1246.

[133] United States Department of Agriculture. EPIC erosion/productivity

impact calculator, Model Documentation, Technical Bulletin Number 1768 [M]. Washington, D. C: USDA-ARS, 1990.

[134] Valentin C, Poesen J, Yong Li. Gully erosion: Impacts, factors and control [J]. Catena, 2005 (63): 132-153.

[135] Vanacker V, Govers G, Poesen J, et al. The impact of environmental change on the intensity and spatial pattern of water erosion in a semi-arid mountainous environment [J]. Catena, 2002 (46): 345-359.

[136] Vandaele K, Poesen J. Spatial and temporal patterns of soil erosion rates in an agricultural catchment, central Belgium [J]. Catena, 1995 (25): 226-313.

[137] Vandaele K, Poesen J, Govers G, van Wesemael B. Geomorphic threshold conditions for ephemeral gully incision [J]. Geomorphology, 1996 (16): 161-173.

[138] Vandekerckhove L B M, Poesen J, DeWeerdt B, et al. A method for dendrochronological assessment of medium-term gully erosion [J]. Catena, 2001 (45): 123-161.

[139] Vandekerckhove L J P, Oostwoud Wijdenes D, Gyssels G. Short term bank gully retreat rates in Mediterranean environments [J]. Catena, 2001 (44): 133-161.

[140] Vandekerckhove L, Poesen J, Oostwoud Wijdenes D, et al. Characteristics and controlling factors of bank gullies in two semi-arid Mediterranean environments [J]. Geomorphology, 2000a (33): 7-58.

[141] Vandekerckhove L, Poesen J, Oostwoud Wijdenes D, et al. Thresholds for gully initiation and sedimentation in Mediterranean Europe [J]. Earth Surface Processes and Landforms, 2000b (25): 1201-1220.

[142] Vanina Pasqualini, Christine Pergent-Martini, Gerard Pergent. Use of SPOT5 for mapping seagrasses: An application to Posidonia oceanica [J]. Remote Sensing of Environment, 2005 (94): 39-45.

[143] Vanoni V A, Brooks N H. Sedimentation Engineering, Manuals and Reports on Engineering Practice [M]. ASCE, 1975: 99-111.

[144] Vanwalleghem T, Nachtergaele J, Verstraeten G. Characteristics, controlling factors and importance of deep gullies under crop land on loess derived soils [J]. Geomorphology, 2005 (69): 76-91.

[145] Vanwalleghem T, M Van Den Eeckhaut, Poesen J, et al. Spatial analysis of factors controlling the presence of closed depressions and gullies under forest: Application of rare event logistic regression [J]. Geomorphology, 2008 (95): 504-517.

[146] Wemple B C, Jones J A, Grant G E. Channel network extension by logging roads in two basins, western Cascades [J]. Water Resources Bulletin, 1996, 32 (6): 1195-1207.

[147] Wilco B P. Run off and erosion in intercanopy zones of pinyonjumper woodlands [J]. Journal of Range Management, 1994, 47 (4): 285-295.

[148] Williams J, Nearing M A, A Nicks, et al. Using soil erosion models for global change studies [J]. Journal of Soil and Water Conservation, 1996, 51 (5): 381-385.

[149] Wischmeier W H, Smith D D. Rainfall-Erosion Losses from Cropland East of the Rocky Mountains Guide for Selection of Practices for Soil and Water Conservation. Agriculture Handbook 282 [M]. Washington, D. C.: USDA-ARS, 1965.

[150] Wischmeier W H, Smith D D. Predicting rainfall erosion losses from cropland east of the Rocky Mountains. Agriculture Handbook 282 [M]. Washington, D. C: U. S. Department of Agriculture, 1965.

[151] Wischmeier W H, Smith D D. Predicting rainfall erosion losses a guide to conservation planning. Agriculture Handbook 537 [M]. Washington, D. C.: U. S. Department of Agricuhure, 1978: 58.

[152] Wisehmeier W H, Mannering J V. Relation of soil properties to its

erodibility [J]. Soil Science Society of American Proceedings, 1969, 33 (1): 131-137.

[153] Woedbum R, Kozachyn J. A study of relative eredibility of a group of Mississippi Gully Soils [J]. Trans Am Geophys Union, 1956 (37): 749-753.

[154] Wood J, Fisher P. Assessing interpolation aeeuraey in elevation models [J]. IEEE Computer Graphcs and Applications, 1993, 13 (2): 48-56.

[155] Woodward D E. Method to predict cropland ephemeral gully erosion [J]. Catena, 1999, 37 (3-4): 393-399.

[156] Yongguang Zhang, Yongqiu Wu, Baoyuan Liu, et al. Characteristics and factors controlling the development of ephemeral gullies in cultivated catchments of black soil region, Northeast China [J]. Soil & Tillage Research, 2007 (96): 28-41.

[157] Yongqiu Wu, Qiuhong Zheng, Yongguang Zhang, et al. Development of gullies and sediment production in the black soil region of northeastern China [J]. Geomorphology, 2008 (101): 683-691.

[158] Yougqiu Wu, H C. Monitoring of gully erosion on the Loess Plateau of China using a global positioning system [J]. Catena, 2005 (63): 154-166.

[159] Young R A. AGNPS: A non-point source pollution model for evaluating agricultural watershed [J]. Journal of Soil and Water Conservation, 1989, 44 (2): 168-173.

[160] Zachar D. Soil Erosion [M]. Elsevier Science Publication, North Holland, 1982: 522.

[161] Zaslavsky D, Sinai G. Surface hydrology: I. Explanation of phenomena [J]. Journal of the Hydraulics Divsion, Proceedings of the American Society of Civil Engineers, 1981, 107 (HY1): 1-16.

[162] Lal R. 土壤侵蚀研究方法 [M]. 黄河水利委员会宣传出版中心译. 北京：科学出版社，1991.

[163] 包为民，陈耀庭. 中大流域水沙耦合模拟物理概念模型[J]. 水

科学进展，1994，5（4）：287-292.

［164］蔡崇法，丁树文，史志华等．应用 USLE 模型与地理信息系统 IDRISI 预测小流域土壤侵蚀量的研究［J］．水土保持学报，2000，14（2）：19-24.

［165］蔡福，于慧波，矫玲玲等．降水要素空间插值精度的比较——以东北地区为例［J］．资源科学，2006，28（6）：73-79.

［166］蔡强国，范昊明，沈波．松辽流域土壤侵蚀危险性分析与防治对策研究［J］．水土保持学报，2003，17（3）：21-24.

［167］蔡强国，陆兆熊．黄土丘陵沟壑区典型小流域侵蚀产沙过程模型［J］．地理学报，1996，51（2）：108-117.

［168］蔡强国．坡面细沟发生的临界条件研究［J］．泥沙研究，1998（8）：52-59.

［169］曹银真．黄土地区梁坡的坡地特征与土壤侵蚀［J］．地理研究，1983，2（3）：19-29.

［170］陈法扬，王志明．通用土壤流失方程在小良水土保持试验站的应用［J］．水土保持通报，1992，12（1）：23-41.

［171］陈浩，方海燕，蔡强国．黄土丘陵沟壑区沟谷侵蚀演化的坡向差异［J］．资源科学，2006，28（5）：176-184.

［172］陈洪松，邵明安．细颗粒泥沙絮凝—分散在水土保持中的应用［J］．灌溉排水学报，2000，19（4）：13-16.

［173］陈建伟，张煜星．湿润指数与干燥度关系的探讨［J］．中国沙漠，1996，16（1）：79-82.

［174］陈丽华，余新晓．晋西黄土地区水土保持林地土壤入渗性能的研究［J］．北京林业大学学报，1995，17（1）：42-47.

［175］陈书．克拜地区土体冻融作用与侵蚀沟发育特征浅析［J］．中国水土保持，1989（11）：21-22.

［176］陈永宗，景可，蔡强国．黄土高原现代侵蚀与治理［M］．北京：科学出版社，1998.

[177] 陈永宗．黄河中游黄土丘陵地区坡地的发育[J]. 地理集刊，1976（10）：35-51.

[178] 陈宗伟，江玉林，张洪江．高速公路弃土场边坡沟蚀规律研究——以湖北沪蓉西高速公路为例[J]. 中国水土保持科学，2006（4）：6-10.

[179] 程宏，伍永秋．切沟侵蚀定量研究进展[J]. 水土保持学报，2003，17（5）：32-35.

[180] 崔海山，张柏，于磊等．中国黑土资源分布格局与动态分析[J]. 资源科学，2003，25（3）：64-68.

[181] 崔文华，辛亚军，于彩娴．呼伦贝尔市大兴安岭东麓黑土区土壤侵蚀研究[J]. 土壤，2005，37（4）：439-446.

[182] 杜国明．人口数据空间化方法与实践[M]. 北京：中国农业出版社，2008.

[183] 戴武刚，张富．辽西低山丘陵区侵蚀沟壑分类的研究[J]. 水土保持科技情报，2002（1）：34-35.

[184] 董三孝．黄土丘陵区退耕坡地植被自然恢复过程及其对土壤入渗的影响[J]. 水土保持通报，2004，24（4）：1-5.

[185] 杜文星，黄贤金．区域农户农地流转意愿差异及其驱动力研究——以上海市、南京市、泰州市、扬州市农户调查为例[J]. 资源科学，2005，27（6）：90-95.

[186] 范昊明，蔡强国，陈光，崔明．世界三大黑土区水土流失与防治比较分析[J]. 自然资源学报，2005，20（3）：387-393.

[187] 范昊明，蔡强国，崔明．东北黑土漫岗区土壤侵蚀垂直分带性研究[J]. 农业工程学报，2005，21（6）：8-11.

[188] 范昊明，蔡强国，王红闪．中国东北黑土区土壤侵蚀环境[J]. 水土保持学报，2004，18（2）：66-70.

[189] 范昊明，王铁良，蔡强国等．东北黑土区侵蚀沟发展模式研究[J]. 水土保持研究，2007，14（6）：384-387.

[190] 范建荣，潘庆宾．东北典型黑土区水土流失危害及防治措施[J]. 水土保持科技情报，2002（5）：36-38.

[191] 范建容，刘淑珍，周从斌等．元谋盆地土地利用/土地覆盖对冲沟侵蚀的影响[J]. 水土保持学报，2004，18（2）：130-132.

[192] 范瑞瑜．黄河中游地区小流域土壤流失量计算方程的研究[J]. 中国水土保持，1985（2）：12-18.

[193] 方广玲，郭成久，范昊明等．辽宁省土壤侵蚀和侵蚀沟发展的影响因素[J]. 安徽农业科学，2007，35（1）：207-209，246.

[194] 方华军，杨学明，张晓平等．^{137}Cs 示踪技术研究坡耕地黑土侵蚀和沉积特征[J]. 生态学报，2005，25（6）：1376-1382.

[195] 方华军，杨学明，张晓平等．黑土坡耕地侵蚀和沉积对物理性组分有机碳积累与损耗的影响[J]. 生态学报，2007，44（3）：467-474.

[196] 方华军，杨学明，张晓平等．利用^{137}Cs 技术研究黑土坡耕地土壤再分布特征[J]. 应用生态学报，2005，16（3）：464-468.

[197] 方华军，杨学明，张晓平．东北黑土有机碳储量及其对大气 CO_2 的贡献[J]. 水土保持学报，2003，12（3）：9-20.

[198] 傅伯杰，陈利顶，马克明．黄土丘陵区小流域土地利用变化对生态环境的影响——以延安市羊圈沟流域为例[J]. 地理学报，1999，54（3）：241-246.

[199] 傅伯杰，陈利顶，王军．土地利用结构与生态过程[J]. 第四纪研究，2003，23（3）：247-255.

[200] 甘枝茂. 黄土高原地貌与土壤侵蚀研究[M]. 西安：陕西人民出版社，1990.

[201] 高帆．中国粮食安全的理论研究与实证分析[M]. 上海：上海人民出版社，2005.

[202] 高峰，詹敏，战辉．黑土区农地侵蚀性降雨标准研究[J]. 中国水土保持，1989（1）：19-21.

[203] 高维森，王幼民．土壤抗冲性研究综述[J]. 水土保持通报，

1992，12（5）：59-63.

［204］龚建雅．地理信息系统基础[M]. 北京：科学出版社，2001.

［205］巩合德，杨国平，张一平等．哀牢山4类植物群落叶面积指数比较[J]. 东北林业大学学报，2007，35（3）：34-36.

［206］关德新，吴家兵，王安志等．长白山红松针阔叶混交林林冠层叶面积指数模拟分析[J]. 应用生态学报，2007，18（3）：499-503.

［207］郭晋平，阳含熙，张芸香．关帝山林区景观要素空间分布及其动态研究[J]. 生态学报，1999，19（4）：468-473.

［208］韩富伟，张柏，宋开山等．长春市土壤侵蚀潜在危险度分级及侵蚀背景的空间分析[J]. 干旱区资源与环境，2007，21（12）：99-104.

［209］韩富伟，张柏，王宗明等．长春市土壤侵蚀遥感监测与时空变化分析[J]. 吉林农业大学学报，2007，29（5）：532-537.

［210］韩继忠，吴霞，张春山等．漫岗丘陵黑土区的侵蚀沟防治工程[J]. 中国水土保持，1996（5）：25-27.

［211］何福红，李勇，李璐等．基于GPS与GIS技术的长江上游山地冲沟的分布特征研究[J]. 水土保持学报，2005，19（6）：19-22.

［212］贺奋琴．基于RS和GIS的水土流失因子提取与分析——以攀枝花为例［D］．成都理工大学硕士学位论文，2004.

［213］黑龙江省土地管理局，黑龙江省土壤普查办公室．黑龙江土壤[M]. 北京：农业出版社，1992.

［214］侯喜禄，杜成祥．不同植被类型小区的径流泥沙观测分析[J]. 水土保持通报，1985（6）：35-37，50.

［215］胡刚，伍永秋，刘宝元等．东北漫岗黑土区切沟侵蚀发育特征[J]. 地理学报，2007，62（11）：1165-1172.

［216］胡刚，伍永秋，刘宝元等．GPS和GIS进行短期沟蚀研究初探——以东北漫川漫岗黑土区为例[J]. 水土保持学报，2004，18（4）：16-19.

［217］胡刚，伍永秋，刘宝元等．东北漫川漫岗黑土区浅沟和切沟发

生的地貌临界模型探讨[J]. 地理科学，2006，26（4）：449-454.

[218] 胡良军，李锐，杨勤科. 基于 GIS 的区域水土流失评价研究[J]. 土壤学报，2001，38（2）：169-174.

[219] 胡世雄，靳长兴. 坡面土壤侵蚀临界坡度问题的理论与试验研究[J]. 地理学报，1999，54（4）：348-356.

[220] 黄秉维. 编制黄河中游流域土壤侵蚀分区图的经验教训[J]. 科学通报，1955（12）：15-24.

[221] 黄炎和，卢程隆，付勤等. 闽东南土壤流失预报研究[J]. 水土保持学报，1993，7（4）：13-18.

[222] 吉林省土壤肥料总站. 吉林土壤[M]. 北京：中国农业出版社，1997.

[223] 贾媛媛，郑粉莉，杨勤科. 黄土高原小流域分布式水蚀预报模型[J]. 水利学报，2005，36（3）：328-332.

[224] 江忠善，李秀英. 黄土高原土壤流失方程中降雨侵蚀力和地形因子的研究[J]. 中国科学院西北水土保持研究所集刊，1988（7）：40-45.

[225] 江忠善，宋文经，李秀英. 黄土地区天然降雨雨滴特性研究[J]. 中国水土保持，1983（3）：32-36.

[226] 江忠善，王志强，刘志. 黄土丘陵区小流域土壤侵蚀空间变化定量研究[J]. 土壤侵蚀与水土保持学报，1996，2（1）：1-10.

[227] 江忠善，王志强，刘志. 应用地理信息系统评价黄土丘陵区小流域土壤侵蚀的研究[J]. 水土保持研究，1996，3（2）：84-97.

[228] 江忠善，郑粉莉，武敏. 中国坡面水蚀预报模型研究[J]. 泥沙研究，2005（4）：71-75.

[229] 江忠善，郑粉莉. 坡面水蚀预报模型研究[J]. 水土保持学报，2004，18（1）：66-69.

[230] 姜永清，王占礼，胡光荣等. 瓦背状浅沟分布特征分析[J]. 水土保持研究，1999，6（2）：181-184.

[231] 蒋定生，李新华，范兴科等. 论晋陕蒙接壤地区土壤的抗冲性

与水土保持措施体系的配置[J]. 水土保持学报，1995，9（1）：1-7.

[232] 焦超卫. 基于 DEM 的 1：50000 区域尺度水土流失地形因子研究 [D]. 西北大学硕士学位论文，2006.

[233] 颉耀文，陈怀录，徐克斌. 数字遥感影像判读法在土壤侵蚀调查中的应用[J]. 兰州大学学报（自然科学版），2002，38（2）：157-162.

[234] 解运杰，王玉玺，张韬鹏. 基于 GIS 技术的东北黑土区土壤侵蚀本底数据库创建[J]. 黑龙江水利科技，2002（4）：3-5.

[235] 金建君，谢云，张科利. 不同样本序列下侵蚀性雨量标准的研究[J]. 水土保持通报，2001，21（2）：31-33.

[236] 金争平，赵焕勋，和泰等. 皇甫川小流域土壤侵蚀量预报模型方程研究[J]. 水土保持学报，1991，5（1）：8-18.

[237] 靳长兴. 论坡面侵蚀的临界坡度[J]. 地理学报，1995，50（3）：234-239.

[238] 靳长兴. 坡度在坡面侵蚀中的作用[J]. 地理研究，1996，15（3）：37-43.

[239] 景可，陈永宗. 我国土壤侵蚀与地理环境的关系[J]. 地理研究，1990，9（2）：35-44.

[240] 景可，王万忠，郑粉莉. 中国土壤侵蚀与环境[M]. 北京：科学出版社，2005.

[241] 雷阿林，唐克丽. 黄土坡面细沟侵蚀的动力条件[J]. 土壤侵蚀与水土保持学报，1998，4（3）：39-43.

[242] 李发鹏，李景玉，徐宗学. 东北黑土区土壤退化及水土流失研究现状[J]. 水土保持研究，2006，13（3）：50-54.

[243] 李和信. 忍看黑土付流波？——东北黑土区水土流失调查[N]. 人民日报，2002-08-15（3）.

[244] 李怀恩，谢毅文，蔡明等. 础砂岩地区小流域毛沟侵蚀特性分析[J]. 西北农林科技大学学报（自然科学版），2007，35（3）：245-250.

[245] 李勉，姚文艺，陈江南等. 坡面草被覆盖对坡沟侵蚀产沙过程

的影响[J]. 地理学报，2005，60（5）：725-732.

[246] 李明．松花江流域土壤侵蚀现状及防治对策[J]. 水土保持通报，1992，12（5）：29-31.

[247] 李明贵，李明品．呼盟黑土丘陵区不同土地利用水土流失特征研究[J]. 中国水土保持，2000（10）：23-25.

[248] 李全胜，王兆骞．坡面承雨强度和土壤侵蚀临界坡度的理论探讨[J]. 水土保持学报，1995，9（3）：50-53.

[249] 李世东，翟洪波．中国退耕还林综合区划[J]. 山地学报，2004，22（5）：513-520.

[250] 李小文，王锦地．植被光学遥感模型与植被结构参数[M]. 北京：科学出版社，1995：12.

[251] 李晓燕，王宗明，张树文等．东北典型丘陵漫岗区沟谷侵蚀动态及其空间分析[J]. 地理科学，2007，27（4）：531-536.

[252] 李雪平，唐辉明，陈实．基于 GIS 的 Logistic 回归在区域滑坡空间预测中的应用[J]. 公路交通科技，2005，22（6）：152-155.

[253] 李勇等．黄土高原枯物根系提高土壤抗冲性的有效性[J]. 科学通报，1991，36（12）：935-938.

[254] 李运学，邓吉华，黄建胜．水土流失是我国的头号环境问题[J]. 水土保持学报，2002，16（5）：105-107.

[255] 梁芳，王卫华，祝庆．改进的遗传算法在 Logistic 曲线拟合中的应用[J]. 武汉理工大学学报（信息与管理工程版），2008，30（4）：545-547.

[256] 梁音，史学正．长江以南东部丘陵山区土壤可蚀性 K 值研究[J]. 水土保持研究，1999，6（2）：47-52.

[257] 林涓涓，潘文斌．基于 GIS 的流域生态敏感性评价及其区划方法研究[J]. 安全与环境工程，2005（2）：26-29.

[258] 林素兰，黄毅，聂振刚等．辽北低山丘陵区坡耕地土壤流失方程的建立[J]. 土壤通报，1997，28（6）：253-261.

［259］刘宝元，谢云，张科利．土壤侵蚀预报模型［M］．北京：中国科学技术出版社，2001：66-68.

［260］刘宝元，张科利，焦菊英．土壤可蚀性及其在侵蚀预报中的应用［J］．自然资源学报，1999，14（4）：345-350.

［261］刘传明，李伯华，曾菊新．湖北省主体功能区划方法探讨［J］．地理与地理信息科学，2007（3）：68-72.

［262］刘春梅，张之一．我国东北地区黑土分布范围和面积的探讨［J］．黑龙江农业科学，2006（2）：23-25.

［263］刘宏杰．Logistic 回归模型使用注意事项和结果表达［J］．中国公共卫生，2001，17（5）：466-467.

［264］刘鸿雁，张海涛，石鑫．黑土区水土流失及水土保持研究概述［J］．水利科技与经济，2005，11（3）：167-169.

［265］刘吉峰，李世杰，秦宁生等．青海湖流域土壤可蚀性 K 值研究［J］．干旱区地理，2006，29（6）：321-326.

［266］刘纪远，布和敖斯尔．中国土地利用变化现代过程时空特征研究——基于卫星遥感数据［J］．第四纪研究，2000，20（3）：229-239.

［267］刘纪远，张增祥，庄大方等．20 世纪 90 年代中国土地利用变化的遥感时空信息研究［M］．北京：中国科学技术出版社，2005：54-55.

［268］刘纪远．中国国家资源环境遥感调查与动态研究［M］．北京：中国科学技术出版社，1996：82-l71.

［269］刘淼，胡远满，徐崇刚．基于 GIS 和 RUSLE 的林区土壤侵蚀定量研究——以大兴安岭呼中地区为例［J］．水土保持研究，2004，11（4）：21-24.

［270］刘霞，张光灿等．小流域生态修复过程中不同森林植被土壤入渗与贮水特征［J］．水土保持学报，2004，18（6）：1-5.

［271］刘宪春，温美丽，刘洪鹄．东北黑土区水土流失及防治对策研究［J］．水土保持研究，2005，12（2）：232-236.

［272］刘晓昱．黑土流失与整治［J］．水土保持研究，2005，12（5）：

128-152.

［273］刘绪军，景国臣．克拜黑土区的冻融侵蚀主要形态特征初探［J］. 水土保持科技情报，1999（1）：28-30.

［274］刘元保，唐克丽，李轩．坡耕地不同地面覆盖的水土流失实验研究［J］. 水土保持学报，1990，4（1）：25-29.

［275］柳长顺，齐实等．土地利用与土壤侵蚀关系的研究进展［J］. 水土保持学报，2001，15（5）：10-13，17.

［276］卢纹岱．SPSS for Windows 统计分析［M］. 北京：电子工业出版社，2006：6.

［277］卢秀琴，张宪奎，许靖华等．黑龙江省侵蚀性降雨标准研究［J］. 黑龙江水利科技，1992（1）：41-44.

［278］陆续龙．我国黑土退化问题及持续发展［J］. 水土保持学报，2001，15（2）：53-67.

［279］罗斌，陈强，黄少强．南方花岗岩地区坡面侵蚀临界坡度探讨［J］. 土壤侵蚀与水土保持学报，1999，5（6）：67-70.

［280］罗来兴．划分晋西、陕北、陇东黄土区域沟间地与沟谷的地貌类型［J］. 地理学报，1956，22（3）：201-222.

［281］罗来兴．陇东西峰镇南小河流域的地貌　黄河中游沟道流域侵蚀地貌及其对水土保持关系论丛［M］. 北京：科学出版社，1985.

［282］毛锋，王瑞萍，姚兴双等．地理信息系统——MGE 方法［M］. 北京：石油工业出版社，1997.

［283］美国农业部科学与教育管理委员会．降雨侵蚀流失预报——水土保持规划指南（美国农业部农业手册，537 号）［M］. 牟金泽等译．西安：黄河水利委员会水利科学研究所，1978.

［284］孟凯，张红艳．松嫩平原黑土农业生态系统演替规律分析［J］. 农业系统科学与综合研究，2001，17（4）：264，269.

［285］孟凯，张兴义．松嫩平原黑土退化的机理及其生态复原［J］. 土壤通报，1998，29（3）：100-102.

[286] 孟猛，倪健，张治国．地理生态学的干燥度指数及其应用评述[J]. 植物生态学报，2004，28（6）：853-861.

[287] 牟金泽，孟庆枚．降雨侵蚀土壤流失预报方程的初步研究[J]. 中国水土保持，1983（6）：23-27.

[288] 牟金泽．雨滴速度计算公式[J]. 中国水土保持，1983（3）：40-41.

[289] 秦高远，周跃，杨黎．切沟侵蚀研究初探——以云南省文山县新开田村为例[J]. 水土保持研究，2007，14（5）：79-81.

[290] 曲格平．关注生态安全之二：影响中国生态安全的若干问题[J]. 环境保护，2002，7：3-6.

[291] 全国土壤普查办公室．中国土壤[M]. 北京：中国农业出版社，1998.

[292] 全国土壤普查办公室．中国土种志[M]. 北京：中国农业出版社，1994：276-286.

[293] 沈波，范建荣，潘庆宾等．东北黑土区水土流失综合防治试点工程项目概况[J]. 中国水土保持，2003（11）：7-8.

[294] 沈波．松辽流域水土流失及其防治对策[J]. 水土保持通报，1993，13（2）：28-32.

[295] 石长金，温是，何金全．侵蚀沟系统分类与综合开发治理模式研究[J]. 农业系统科学与综合研究，1995，11（3）：193-197.

[296] 史德明．土壤侵蚀与人类生存环境恶化[J]. 土壤侵蚀与水土保持学报，1995，1（1）：26-33.

[297] 史志华，蔡崇法，丁树文等．基于 GIS 和 RUSLE 的小流域农地水土保持规划研究[J]. 农业工程学报，2002，18（4）：172-175.

[298] 史志华．基于 GIS 和 RS 的小流域景观格局变化及其土壤侵蚀响应［D］．华中农业大学博士学位论文，2003.

[299] 水利部水土保持司．土壤侵蚀分级标准[M]. 北京：水利水电出版社，2006.

[300] 谭炳香，杜纪山．遥感数据分析林区的植被和土壤侵蚀特征[J].林业科学，2006，42（4）：7-12.

[301] 汤立群．流域产沙模型研究[J].水科学进展，1996，7（1）：47-53.

[302] 唐克丽．生草灰化土与黑钙土的抗蚀性能及其提高途径［D］．中国科学情报所中国留学生论文，1964.

[303] 唐克丽．土壤侵蚀环境演变与全球变化及防灾减灾机制[J].土壤与环境，1999，8（2）：81-86.

[304] 唐克丽等．中国水土保持[M].北京：科学出版社，2004.

[305] 田积莹，黄义端．子午岭连家砭地区土壤物理性质与土壤抗侵蚀性指标的初步研究[J].土壤学报，1964，12（3）：286-296.

[306] 田均良，周佩华．土壤侵蚀 REE 示踪法研究初报[J].水土保持学报，1992，6（4）：23-27.

[307] 王辉，王天明，杨明博．基于航片的黄土高原丘陵沟壑区沟谷侵蚀定量监测[J].应用生态学报，2008，19（1）：127-132.

[308] 王济川，郭志刚．Logistic 回归模型——方法与应用[M].北京：高等教育出版社，2001.

[309] 王建宇，滕树钦．一种基于等高线生成 DEM 的方法[J].计算机应用，2002，22（8）：30-35.

[310] 王库，史学正，于东升等．红壤丘陵区 LAI 与土壤侵蚀分布特征的关系[J].生态环境，2006，15（5）：1052-1055.

[311] 王万忠，焦菊英等．中国降雨侵蚀 R 值的计算与分布（Ⅱ）[J].土壤侵蚀与水土保持学报，1996a，2（1）：29-39.

[312] 王万忠，焦菊英．黄土高原降雨侵蚀产沙与黄河输沙[M].北京：科学出版社，1996b.

[313] 王万忠．黄土地区降雨侵蚀力 R 指标的研究[J].中国水土保持，1987（12）：34-38.

[314] 王万忠．黄土地区降雨特征与土壤流失关系的研究-Ⅲ：关于

侵蚀性降雨的标准问题[J]. 水土保持通报，1984，4（2）：58-63.

[315] 王希群，马履一，贾忠奎等. 叶面积指数的研究和应用进展[J]. 生态学杂志，2005，24（5）：537-541.

[316] 王希群，马履一，张永福. 北京地区油松、侧柏人工林叶面积指数变化规律[J]. 生态学杂志，2006，25（12）：1486-1489.

[317] 王岩松，王玉玺，李洪兴. 黑土区范围界定及水土保持防治策略[J]. 中国水土保持，2007（12）：11-13.

[318] 王仰麟. 农业景观格局与过程研究进展[J]. 环境科学进展，1998，6（2）：29-34.

[319] 王佑民，郭培才. 黄土高原土壤抗冲性的研究[J]. 水土保持学报，1994，8（4）：11-16.

[320] 王玉玺，解运杰，王萍. 东北黑土区水土流失成因分析[J]. 水土保持科技情报，2002（3）：27-29.

[321] 王占礼. 中国土壤侵蚀影响因素及其危害分析[J]. 农业工程学报，2000，6（4）：32-36.

[322] 魏才，邢大身，任宪华. 黑土区耕地资源面临的形势及发展对策[J]. 水土保持科技情报，2004，20（4）：265-270.

[323] 魏建兵，肖笃宁，李秀珍等. 东北黑土区小流域农业景观结构与土壤侵蚀的关系[J]. 生态学报，2006，26（8）：2608-2615.

[324] 魏建兵，肖笃宁. 黑土侵蚀区生态重建的景观结构与功能分析[J]. 应用生态学报，2005，16（9）：1699-1705.

[325] 吴炳方，曾源，黄进良. 遥感提取植物生理参数 LAI/FPAR 的研究进展与应用[J]. 地球科学进展，2004，19（4）：585-590.

[326] 吴礼福. 黄土高原土壤侵蚀模型及其应用[J]. 水土保持通报，1996，16（5）：29-35.

[327] 吴良超. 基于的 DEM 的黄土高原沟壑特征及其空间分异规律研究［D］. 西北大学硕士学位论文，2005.

[328] 吴钦孝，杨文治. 黄土高原植被建设与持续发展[M]. 北京：

科学出版社，1989.

［329］伍永秋，刘宝元．切沟、切沟侵蚀与预报［J］．应用基础与工程科学学报，2000，8（2），134-142.

［330］武龙甫．精心组织、搞好东北黑土区水土流失综合防治试点工程建设［J］．中国水土保持，2003（11）：5-6.

［331］谢军．黑龙江省黑土地区水土流失危害及其治理途径［J］．水土保持通报，1991，2（5）：61-64.

［332］谢立亚，任丽华，石连奎等．辽宁省黑土区水土流失及防治对策［J］．水土保持通报，2005，25（1）：92-95.

［333］谢树楠，张仁，王孟楼．黄河中游黄土丘陵沟壑区暴雨产沙模型研究［A］//黄河水沙变化研究论文集（第五卷）［C］．黄河水沙变化基金会，1993：238-274.

［334］谢云，刘宝元，章文波．侵蚀性降雨标准研究［J］．水土保持学报，2000，14（4）：1-5，11.

［335］辛树帜，蒋德麒．中国水土保持概论［M］．北京：农业出版社，1982.

［336］徐建华．现代地理学中的数学方法［M］．北京：高等教育出版社，2002.

［337］徐丽，谢云，符素华等．北京地区降雨侵蚀力简易计算方法研究［J］．水土保持研究，2007，14（6）：433-437.

［338］许传青，徐小虎，于晓军等．心瓣膜置换术远期死亡因素的Logistic 回归模型与分析［J］．北京生物医学工程，2005，24（1）：13-16.

［339］闫文贵．黑土地冲沟的形成及草垡块治理方法［J］．中国水土保持，2001（4）：33-34.

［340］闫业超，张树文，李晓燕等．黑龙江克拜黑土区 50 多年来侵蚀沟时空变化［J］．地理学报，2005，60（6）：1015-1020.

［341］闫业超，张树文，岳书平．基于 Corona 和 Spot 影像的近 40 年黑土典型区侵蚀沟动态变化［J］．资源科学，2006，28（6）：154-160.

[342] 闫业超，张树文，岳书平．克拜东部黑土区侵蚀沟遥感分类与空间格局分析[J]. 地理科学，2007，27（2）：193-199.

[343] 阎百兴，汤洁．黑土侵蚀速率及其对土壤质量的影响[J]. 地理研究，2005，24（4）：499-505.

[344] 杨华．山西吉县黄土区切沟分类的研究[J]. 北京林业大学学报，2001，23（1）：38-43.

[345] 杨勤科，Tim R. McVicar 等．ANUDEM 和 TIN 两种建立 DEM 方法的对比研究[J]. 水土保持通报，2006，26（6）：84-88.

[346] 杨勤科，张彩霞，李领涛等．基于信息含量分析法确定 DEM 分辨率的方法研究[J]. 长江科学院院报，2006，23（5）：21-28.

[347] 杨文文，张学培，王洪英．东北黑土区坡耕地水土流失及防治技术研究进展[J]. 水土保持研究，2005，12（5）：132-236.

[348] 杨武德，陈宝林，徐锴．红壤坡地不同利用方式土壤侵蚀模型研究[J]. 土壤侵蚀与水土保持学报，1999，5（1）：52-58，68.

[349] 杨学明，张晓平，方华军．不同管理方式下吉林省农田黑土流失量[J]. 土壤通报，2003，34（5）：389-393.

[350] 杨艳生，梁音等．缓丘坡耕地模拟降雨及土壤通透性研究[J]. 土壤学报，1991，28（3）：237-247.

[351] 杨艳生，史德明，吕喜玺．长江三峡区的坡面土壤流失量和入江泥沙量研究[J]. 水土保持学报，1991，5（3）：22-27.

[352] 杨玉盛．不同利用方式下紫色土可蚀性的研究[J]. 水土保持学报，1992，6（3）：52-58.

[353] 杨子生．滇东北山区坡耕地降雨侵蚀力研究[J]. 地理科学，1999，19（3）：265-270.

[354] 杨子生．滇东北山区坡耕地土壤流失方程研究 [J]. 水土保持通报，1999，19（1）：1-9.

[355] 易卫华，张建明，匡永生等．水平分辨率对 DEM 流域特征提取的影响[J]. 地理与地理信息科学，2007，23（2）：34-38.

[356] 游智敏，伍永秋，刘宝元．利用 GPS 进行切沟侵蚀监测研究[J]. 水土保持学报，2004，18（5）：91-94.

[357] 游智敏．东北黑土区切沟发育临界条件研究——以鹤山农场为例 [D]. 北京师范大学硕士学位论文，2005.

[358] 于东升，史学正，梁音等．用不同人工模拟降雨方式对我国亚热带土壤可蚀性 K 值的研究[J]. 土壤侵蚀与水土保持学报，1996（20）：74-79.

[359] 于东升，史学正，顾祝军等．基于水土保持功能的植被恢复度研究 [R]．中国自然资源学会 2009 年学术年会，2009：178-179.

[360] 于明．黑龙江省平原漫岗区侵蚀沟治理新措施[J]. 中国水土保持，2004（4）：36-37.

[361] 于章涛，伍永秋．黑土地切沟侵蚀的成因与危害[J]. 北京师范大学学报（自然科学版），2003，39（5）：701-705.

[362] 于章涛．东北黑土地四个小流域切沟侵蚀监测与侵蚀初步研究[D]. 北京师范大学硕士学位论文，2004.

[363] 孟凯，张兴义．松嫩平原黑土退化的机理及其生态复原[J]. 土壤通报，1998，29（3）：100-102.

[364] 岳书平．中国东北样带生态可持续性研究 [D]．中国科学院东北地理与农业生态研究所博士学位论文，2008.

[365] 翟真江，郭继君，李洪娟．侵蚀沟治理的一种新方法[J]. 黑龙江水利科技，2005，33（4）：33-34.

[366] 詹小国，王平．基于 RS 和 GIS 的三峡库区水土流失动态监测研究[J]. 长江科学院院报，2001，18（2）：41-44.

[367] 张春山，孙亚茹．拜泉县侵蚀沟及其治理[J]. 东北水利水电，2004，22（7）：58-60.

[368] 张鼎华，翟明普，贾黎明等．沙地土壤有机质与土壤水动力学参数的关系[J]. 中国生态农业学报，2003，11（1）：74-77.

[369] 张汉雄．黄土高原的暴雨特性及其分布规律[J]. 地理学报，

1983，39（4）：416-425.

[370] 张汉雄．模糊聚类在水土保持区划中的应用[J]．中国水土保持，1990（11）：52-54.

[371] 张洪江，李猛，江玉林等．高速公路边坡侵蚀沟特性初步研究——以银武高速公路同心至固原段为例[J]．北京林业大学学报，2007，11（29）：143-147.

[372] 张家诚，林之光．中国气候[M]．上海：上海科学技术出版社，1985.

[373] 张科利，唐克丽．浅沟发育与陡坡开垦历史的研究[J]．水土保持学报，1992，6（2）：9-62.

[374] 张清春，刘宝元，翟刚．植被与水土流失研究综述[J]．水土保持研究，2002，9（4）：96-101.

[375] 张显双，王跃邦．松花江沿岸沟蚀治理措施研究[J]．中国水土保持，1995（8）：12-13.

[376] 张宪奎，许靖华，邓育江等．黑龙江省土壤侵蚀方程的研究[J]．水土保持通报，1992，12（4）：1-9，18.

[377] 张晓平，梁爱珍，申艳等．东北黑土水土流失特点[J]．地理科学，2006，26（6）：687-692.

[378] 张信宝．黄土高原小流域泥沙来源的 ^{137}Cs 法的研究[J]．科学通报，1989（3）：210-213.

[379] 张雪花，侯文志，王宁．东北黑土区土壤侵蚀模型中植被因子C值的研究[J]．农业环境科学学报，2006，25（3）：797-801.

[380] 张永光，伍永秋，刘宝元．东北漫岗黑土区春季冻融期浅沟侵蚀[J]．山地学报，2006，24（3）：306-311.

[381] 张永光，伍永秋，刘洪鹄等．东北漫岗黑土区地形因子对浅沟侵蚀的影响分析[J]．水土保持学报，2007，21（2）：35-38，49.

[382] 章文波，谢云，刘宝元．降雨侵蚀力研究进展[J]．水土保持学报，2002，16（5）：43-46.

［383］赵峰，范海峰，田竹君等．吉林省中部不同土地利用类型的土壤侵蚀强度变化分析[J]. 吉林大学学报（地球科学版），2005，35（5）：661-666.

［384］赵富梅，赵宏夫．应用新算法编制张家口市 R 值图的研究[J]. 海河水利，1994（2）：47-51.

［385］赵树久，李胜利，王克文．黑龙江省水土流失现状及其防治对策探讨[J]. 水土保持通报，1992，12（3）：58-61.

［386］赵文武，傅伯杰等．多尺度土地利用与土壤侵蚀[J]. 地理科学进展，2006，2（1）：24-30.

［387］赵晓光，石辉．水蚀作用下土壤抗蚀能力的表征[J]. 干旱区地理，2003，26（1）：12-16.

［388］赵晓光，吴发启，刘秉正等．再论土壤侵蚀的坡度界限[J]. 水土保持研究，1999，6（2）：42-46.

［389］赵英时．遥感应用分析原理与方法[M]. 北京：科学出版社，2003.

［390］郑粉莉，唐克丽，周佩华．坡耕地细沟侵蚀影响因素的研究[J]. 土壤学报，1989，26（2）：109-116.

［391］郑粉莉，王占礼，杨勤科．土壤侵蚀学科发展战略[J]. 水土保持研究，2004，11（4）：1-10.

［392］郑粉莉．发生细沟侵蚀的临界坡长与坡度[J]. 中国水土保持，1989（8）：23-24.

［393］中国大百科全书出版社编辑部．中国大百科全书（水利）[M]. 北京：中国大百科全书出版社，1992.

［394］周伏建，陈明华，林福兴等．福建省土壤流失预报研究[J]. 水土保持通报，1995，9（1）：25-30，36.

［395］周江红，林洪涛．东北黑土区水土流失状况调查、分析及对策[J]. 水土保持科技情报，2003（4）：43-44.

［396］周佩华，窦葆璋，孙清芳等．降雨能量试验研究初报[J]. 水土

保持通报，1981，1（1）：51-60.

［397］周佩华，李银锄，黄义端等．2000年中国水土流失趋势预测及其防治对策［J］．中国科学院西北水土保持研究所集刊，1988（7）：57-71.

［398］周佩华，王占礼．黄土高原土壤侵蚀暴雨标准［J］．水土保持通报，1987，7（1）：38-44.

［399］周佩华，王占礼．黄土高原土壤侵蚀暴雨的研究［J］．水土保持学报，1992，6（3）：1-5.

［400］周佩华，武春龙．黄土高原土壤抗冲性试验研究方法探讨［J］．水土保持学报，1993，7（1）：29-34.

［401］周启鸣，刘学军．数字地形分析［M］．北京：科学出版社，2006.

［402］朱连奇，许叔明．山区土地利用/覆被变化对土壤侵蚀的影响［J］．地理研究，2003，22（4）：432-438.

［403］朱显谟．黄土高原土地的整治问题［J］．水土保持通报，1984，4（4）：1-6.

［404］朱显谟．径河流域土壤侵蚀现象及其演变［J］．土壤学报，1954，2（4）：209-222.

［405］朱显谟．论高原地区水土保持战略问题［J］．水土保持通报，1984，4（1）：15-18.

［406］朱显谟．植被因子对黄土区水土流失的影响［J］．土壤学报，1960，8（2）：110-121.

［407］朱显谟．黄土区土壤侵蚀的分类［J］．土壤学报，1956，4（2）：99-115.

［408］邹亚荣，张增祥等．基于GIS的土壤侵蚀与土地利用关系分析［J］．水土保持研究，2002，9（1）：67-69.

［409］左伟，曹学章，李硕．基于数字地形分析的小流域分割技术［J］．测绘通报，2003（5）：52-54.